U0353922

国家自然科学基金面上项目（No.51874277）资助

深部巷道双壳支护理论与技术

李　冲　徐金海　王襄禹　陈　梁　著

中国矿业大学出版社

·徐州·

内 容 提 要

本书全面介绍了深井软岩巷道支护机理与技术的最新研究成果,主要内容包括:软岩巷道围岩应力与变形规律及其破坏特征,软岩巷道围岩蠕变模型及流变规律,让压壳的构筑及短细密锚杆支护机理,让压壳-网壳耦合支护原理与技术,让压壳-网壳耦合支护强度与支护时机,软岩巷道控制技术在矿井的应用与实践。

本书可供从事采矿、岩土等地下工程领域的科技工作者、高等院校师生和煤矿生产管理者参考。

图书在版编目(C I P)数据

深部巷道双壳支护理论与技术/李冲等著. —徐州:
中国矿业大学出版社,2019.12
ISBN 978 - 7 - 5646 - 4567 - 0

Ⅰ. ①深… Ⅱ. ①李… Ⅲ. ①巷道支护—研究 Ⅳ.
①TD353

中国版本图书馆 CIP 数据核字(2020)第 005113 号

书　　　名	深部巷道双壳支护理论与技术
著　　　者	李　冲　徐金海　王襄禹　陈　梁
责任编辑	马晓彦
出版发行	中国矿业大学出版社有限责任公司
	(江苏省徐州市解放南路　邮编 221008)
营销热线	(0516)83884103　83885105
出版服务	(0516)83995789　83884920
网　　　址	http://www.cumtp.com　**E-mail**:cumtpvip@cumtp.com
印　　　刷	江苏凤凰数码印务有限公司
开　　　本	787 mm×1092 mm　1/16　**印张** 13.5　**字数** 258 千字
版次印次	2019 年 12 月第 1 版　2019 年 12 月第 1 次印刷
定　　　价	52.00元

(图书出现印装质量问题,本社负责调换)

前　　言

　　软岩巷道支护问题一直是困扰煤矿安全高效生产的重大问题之一。软岩巷道支护不当会造成巷道大量返修，不仅造成了经济浪费，而且使整个矿井生产受到严重影响，甚至关闭。随着深部开采的进行，软岩矿井和软岩巷道的数量不断增加，直接影响煤矿安全生产，危及人身安全。因此，解决软岩巷道的支护等问题是我国煤炭开采向纵深发展和安全生产的关键。与硬岩巷道限制围岩进入塑性状态相反，软岩巷道控制的核心在于允许围岩进入塑性状态，从而将巷道变形能释放出来。虽然国内外很多专家学者都致力于该领域的研究，但迄今为止，软岩巷道的有效控制问题没有从根本上得到解决。

　　软岩巷道开挖后，围岩变形速度快，变形量大，变形持续时间长，巷道底鼓严重，稳定性差，极难维护，支护费用直线上升，给煤矿的生产、建设造成很大的损失，甚至有些矿区软岩巷道（断面为 $15\sim20$ m^2）的支护成本达到每米 2 万多元。即使这样，有些软岩巷道还不得不反复维修，否则巷道安全得不到保证。深部软岩巷道占年掘进总量的 $28\%\sim30\%$，而其返修率却高达 70% 以上，巷道维修费用大大超过成巷费用，严重影响了煤矿安全生产和经济效益。有关统计表明：我国煤矿开采深度平均每年以 $8\sim12$ m 的速度向深部发展，东部矿井正在以每 10 年 $100\sim250$ m 的速度向深部发展。随着煤矿开采深度和强度的不断增加，矿井开采条件越来越复杂，受围岩岩性和"三高一扰动"（高地应力、高地温、高岩溶水压和强烈的开采扰动）的影响，原来坚硬的围岩也表现出软岩的特性。矿井条件的复杂多变性和软岩的强流变性，导致软岩巷道围岩控制难度大大提高，大量的现场试验表明，深部高应力软岩巷道围岩松动圈范围较大，有的甚至超过 10 m，采用长而疏锚杆支护效果并不理想，甚至加大锚杆直径其结果也是徒劳无效的。国内外许多专家学者为此进行了大量的理论研究和工程实践，并取得了一些研究成果，但深部软岩巷道支护问题依然面临着许多新的难题与挑战，继续深入研究深部软岩巷道支护新理论与新技术刻不容缓。

　　长期以来，软岩巷道支护理论和技术一直是采矿技术领域研究的一个重点和难点，如何保证深部高应力软岩巷道支护安全可靠、经济合理，仍是当前煤矿支护领域的技术难题。就现有的巷道支护手段，采用一次性支护难以达到控制深部高应力软岩巷道有害变形的目的,必须采用二次支护或多次支护,但多次支护是以充分发挥围岩自身承载能力和更大的变形为代价的。由于深部软岩巷道呈现长期流变特性且破裂区范围大,巷道围岩极不稳定,如何能在保证高应力破裂围岩不失稳的条件下充分释放变形能,达到降低围岩应力、减小二次支护强度的目的是解决深部软岩巷道稳定性问题的关键。作者经过多年实践与探索,基于深部软岩巷道围岩应力场演化特征与变化破坏规律,从锚杆支护杆体受力和锚杆支护对围岩应力的改变以及考虑围岩大变形等方面,深入研究分析了全长锚固预应力短、细、密锚杆支护作用机理,从改变浅部围岩结构、提高围岩强度的角度,利用薄壳具有强度高、厚度薄、整体变形移动、受力特点好等优点,提出了让压壳的概念,并给出了让压壳构筑方法及支护内涵,从一次让压壳支护让压释放变形能、二次网壳衬砌支架让压抗压的角度,初步建立了让压壳-网壳耦合支护的力学分析和数值分析模型,探讨了让压壳强度、厚度与围岩条件的关系。让压壳变形移动释放围岩变形能,降低了围岩应力,减小了二次支护强度,提出了让压壳-网壳耦合支护技术,并将研究成果成功应用于软岩巷道支护的工程实践中。

本书即是上述研究的系统总结,希望本书的出版能为我国软岩巷道支护问题提供参考和借鉴。本书的研究工作及出版得到了国家自然科学基金面上项目"深部大跨度巷道钻孔卸压与双微拱减跨支护机理"(项目编号:51874277)的资助。

受作者水平所限,书中难免存在不足之处,恳请同行专家和读者指正。

作 者

2019 年 8 月

目　　录

1 绪论 ……………………………………………………………… 1

　1.1 研究背景及意义 ……………………………………………… 1

　1.2 国内外研究现状 ……………………………………………… 3

　1.3 研究存在的问题 ……………………………………………… 13

　1.4 研究内容 ……………………………………………………… 14

2 软岩巷道围岩应力与变形规律及其破坏特征 ………………… 16

　2.1 －850 m 东皮带大巷工程地质条件与原支护形式及参数 … 16

　2.2 软岩巷道变形规律及破坏特征 ……………………………… 20

　2.3 软岩巷道变形破坏的主要影响因素 ………………………… 23

　2.4 软岩巷道围岩应力与变形规律数值模拟 …………………… 25

　2.5 本章小结 ……………………………………………………… 38

3 软岩巷道围岩蠕变模型及流变规律研究 ……………………… 40

　3.1 软岩基本流变理论 …………………………………………… 40

　3.2 泥质粉砂岩三轴压缩蠕变特性试验 ………………………… 45

　3.3 泥质粉砂岩流变模型建立及参数辨识 ……………………… 54

　3.4 不同支护强度围岩流变规律 ………………………………… 61

　3.5 本章小结 ……………………………………………………… 75

4 让压壳的构筑及短细密锚杆支护机理 ………………………… 77

　4.1 让压壳的构筑及支护作用 …………………………………… 78

　4.2 全长锚固预应力锚杆杆体受力特征 ………………………… 82

　4.3 全长锚固预应力锚杆支护围岩应力计算 …………………… 91

　4.4 全长锚固围岩沿锚杆轴向应力分布规律 …………………… 96

　4.5 全长锚固围岩沿锚杆径向应力分布规律 …………………… 106

　　4.6　本章小结 …………………………………………………… 116

5　让压壳-网壳耦合支护原理与技术 …………………………… 118
　　5.1　网壳支架结构及作用特点 …………………………………… 118
　　5.2　让压壳-网壳耦合支护原理与技术关键 …………………… 119
　　5.3　预留让压空间的确定 ………………………………………… 123
　　5.4　锚杆长度与密度对巷道变形控制作用数值模拟 ………… 125
　　5.5　本章小结 ……………………………………………………… 135

6　让压壳-网壳耦合支护强度与支护时机确定 ……………… 136
　　6.1　软岩巷道开挖瞬时围岩应力变形分析 …………………… 136
　　6.2　软岩巷道让压壳支护围岩应力状态 ……………………… 138
　　6.3　软岩巷道让压壳支护围岩变形分析 ……………………… 145
　　6.4　软岩巷道让压壳支护强度与支护时机确定 ……………… 148
　　6.5　软岩巷道网壳支护强度与支护时机确定 ………………… 155
　　6.6　本章小结 ……………………………………………………… 157

7　软岩巷道围岩控制方案及工业性试验 …………………… 159
　　7.1　-850 m东皮带大巷断面形状及尺寸的确定 …………… 159
　　7.2　网壳支架设计及承载能力分析 …………………………… 164
　　7.3　-850 m东皮带大巷支护方案及施工工艺 ……………… 167
　　7.4　-850 m东皮带大巷让压壳-网壳耦合支护数值模拟 … 172
　　7.5　工业性试验与支护效果评价 ……………………………… 183
　　7.6　本章小结 ……………………………………………………… 194

参考文献 ………………………………………………………………… 196

1 绪 论

1.1 研究背景及意义

软岩是一种在特定环境下具有显著塑性变形的复杂岩石力学介质,可分为地质软岩和工程软岩。地质软岩指强度低、孔隙率大、胶结程度差、受构造面切割及风化影响显著或含有大量膨胀性黏土矿物的松、散、软、弱岩层。工程软岩是指在工程力作用下能产生显著塑性变形的工程岩体。由于软岩的复杂特性,软岩巷道围岩控制问题一直困扰着我国煤矿安全、高效生产,是亟待解决的科学技术问题之一。我国煤炭需求量巨大,相应的巷道掘进量在每年 6 000 km 以上,其中软岩巷道所占的比例在 10% 以上。从地域分布看,从北方的内蒙古大雁矿区到南方的广西那龙矿区,从西部的新疆九道岭矿区到东部的山东龙口矿区;从地质年代看,从古生代石炭~二叠纪的煤系地层逐步发展到中生代侏罗纪煤系地层,以及到新生代新近纪煤系地层,都存在软岩巷道控制问题。软岩巷道开挖后围岩变形速度快,变形量大,持续时间长,巷道底鼓严重,稳定性差,维护极难,支护费用直线上升,给煤矿的生产、建设造成很大的损失,甚至有些矿区软岩巷道(断面为 $15\sim20$ m²)的支护成本达到每米 2 万多元。即使这样,有些软岩巷道还不得不反复维修,甚至停产维修,严重影响了煤矿安全生产和经济效益。

我国已探明的煤炭资源总量约占世界已探明煤炭资源总量的 11.1%。有关统计资料表明:我国煤矿开采深度平均每年以 $8\sim12$ m 的速度向深部发展,东部矿井正在以每 10 年 $100\sim250$ m 的速度向深部发展。随着煤矿开采深度和强度的不断增加,矿井开采条件越来越复杂,受围岩岩性和"三高一扰动"(高地应力、高地温、高岩溶水压和强烈的开采扰动)的影响,原来坚硬的围岩也表现出软岩的特性。煤矿井下出现了大量支护困难的巷道、硐室,包括深部巷道、高地应力软岩巷道,受强烈动压影响巷道,强风化影响的围岩松软破碎、极破碎巷道,大断面、大跨度巷道和硐室,以及沿空巷道等。这些支护困难的巷道共同的特点是在各种因素如地应力、采动压力、地质构造、成岩作用及岩体成分等的影响下,围岩节理裂隙发育、松散破碎、泥化易风化、变形强烈、破坏范围大,呈流变形态,巷道冒顶、片帮及底鼓层出不穷。实践表明,软岩巷道往往需要多次返修,否则巷道安全得不到保证,深部软岩巷道占巷道年掘进总量的 28%～30%,而软岩巷道的返修率却高达 70% 以上,巷道维修费用大大超过成巷费用,大量软岩巷道因不清楚围岩应力与变形规律采用的支护方案不当而失稳。矿井条件的复杂多变性和软岩的强流变性致使软岩巷道围岩控制难度大大提高,仅靠提高支护体的强度、刚度以及采用传统的支护理论和支护手段难以有效控制软岩巷道围岩有害变形。因此,研究与发展新的软岩巷道支护理论与技术具有广泛应用价值。

江西安源实业股份有限公司某矿是我国江南第一大井,属于高瓦斯、"双突"矿井,设计年生产能力 90 万 t,服务年限 54.8 年,地面标高为 +40～+50 m;矿井属立井单水平分区式上下山开拓,三条大巷沿东西走向布置在井筒的两侧,水平标高为 −850 m。矿井断层较多、构造复杂,巷道围岩应力高、强度低、结构完整性差,围岩泥化程度高,极易风化、潮解,属于高应力泥化软岩巷道,且巷道断面较大。巷道围岩以碳质泥岩、泥质粉砂岩、砂质页岩、细砂岩为主,巷道初期变形剧烈、变形速度大、具有显著的流变特性,采用常规的支护理论与方法难以奏效。某矿三条大巷自成巷以来,先后经历了多次返修,并且矿井其他巷道、硐室都返修多次,不但影响了矿井安全生产,而且造成了大量人力、物力浪费。−850 m 东皮带大巷几乎每年都要返修一次,累计掘进与支护成本达 4 万元/m 以上,巷道支护难度极大,巷道返修已经成为某矿巷道工程的重中之重。某矿 −850 m 东皮带大巷曾采用锚网喷、锚网喷索、锚网喷索＋U 型钢、锚网喷索＋围岩注浆＋U 型钢等支护手段,但都无法控制东皮带大巷围岩有害变形,并且 U 型钢从 25U 变化到 36U 仍然无法确保巷道长期安全稳定。对于大断面高应力泥化软岩巷道,现有的巷道支护手段采用一次性支护难以达到控制巷道有害变形的目的,现有的支护理论不适用此大变形、大破裂区软岩巷道支护。

长期以来,软岩巷道支护理论和技术一直是采矿技术领域研究的重点和难点,矿井的安全高效生产迫切需要对软岩巷道,特别是高应力泥化软岩巷道支护理论与技术进行深入的研究,寻求解决高应力泥化软岩巷道支护问题的新理论、新技术、新方法。本书以某矿 −850 m 东皮带大巷为工程背景研究软岩巷道让压壳-网壳耦合支护机理与技术,为软岩工程控制设计提供科学的理论依据。

1.2 国内外研究现状

1.2.1 软岩巷道支护理论的发展

软岩巷道支护问题一直是困扰煤矿安全高效生产的重大问题之一。软岩巷道围岩条件差、支护不当易造成巷道失稳、垮冒,甚至巷道返修多次后仍不能保证其稳定性,不仅造成了经济浪费,而且导致整个矿井生产受到严重影响,甚至造成矿井关闭。随着深部开采的进行,软岩矿井和软岩巷道的数量不断增加,直接影响煤矿生产,危及人身安全。因此,软岩工程问题得到了广泛关注。

与硬岩巷道限制围岩进入塑性状态相反,软岩巷道控制的核心在于允许围岩进入塑性状态,从而将巷道变形能释放出来。虽然国内外很多专家学者都致力于该领域的研究,但迄今为止,软岩工程的有效控制问题没有从根本上得到解决。

我国软岩巷道支护理论等方面的研究工作始于 20 世纪 50 年代,但当时许多矿区还未进入深部开采,这方面的技术和理论研究发展比较缓慢。随着开采深度的增加,到了 20 世纪 80 年代,高应力软岩巷道支护理论和技术得到了较快的发展,现已形成了几种具有代表性的支护理论:岩性转化理论、轴变理论、联合支护理论、锚喷-弧板支护理论、松动圈理论、围岩强度强化理论、主次承载区支护理论、应力控制理论、关键部位耦合支护理论等。

1907 年,苏联学者普罗托吉雅柯诺夫提出普氏冒落拱理论,该理论认为:在松散介质中开挖巷道,其上方会形成一个抛物线形的自然平衡拱,下方冒落拱的高度与地下工程跨度和围岩性质有关。该理论的最大贡献是提出巷道具有自承能力。

20 世纪 50 年代以来,人们开始用弹塑性力学解决巷道支护问题,其中最著名的是芬纳(Fenner)公式和卡斯特纳(Kastner)公式。

20 世纪 60 年代,奥地利工程师腊布希维兹(L. V. Rabcewicz)在总结前人经验的基础上,提出了一种新的隧道设计施工方法,称为新奥法(NATM)。它的核心思想是调动围岩的承载能力,促使围岩本身成为支护结构的重要组成部分,使围岩与构筑的支护结构共同形成坚固的支承环。它的特点是通过许多精密的测量仪器对开挖后的巷道及硐室进行围岩动态监测,并以此指导地下支护结构设计和施工的全过程。此方法自诞生以来,在很多国家得到成功应用。

20 世纪 70 年代,萨拉蒙(M. D. Salamon)等又提出了能量支护理论。该理论认为:支护结构与围岩相互作用、共同变形,在变形过程中,围岩释放一部分能量,支护结构吸收一部分能量,但总的能量没有变化。因而,他们主张利用支护结构的特点使支架自动调整围岩释放的能量和支护体吸收的能量,且认为支护结构具有自动释放多余能量的功能。

于学馥等提出了"轴变理论"。该理论认为:巷道坍落可以自行稳定,巷道围岩破坏是由应力超过岩体强度极限所致;坍落改变了巷道轴比,导致应力重新分布,高应力下降低应力上升,直到自稳平衡;应力均匀分布的轴比是巷道最稳定的轴比。

孙钧院士等提出的锚喷-大弧板支护理论认为:通过壁后软性固化充填及接头处可压缩垫板使支架具有一定的可缩让压特性,让压到一定程度后要坚决顶住,坚决限制围岩的收敛变形,以满足软岩支护"边支边让,先柔后刚,柔让适度,刚强足够"的特点。

董方庭等提出的围岩松动圈支护理论认为:巷道在开挖前后,岩体由三向应力状态转变为二向应力状态,岩体强度急剧下降;由于应力的转移,巷道周边出现应力集中,使周边岩体受力增加,当应力超过岩体强度时,岩体发生破坏,其承载能力降低,应力向深部转移,直到应力低于岩体的塑性屈服应力为止,从而在巷道周边依次形成破裂区、塑性区和弹性区。通过现场实测围岩松动圈的大小来选择合理的支护参数。

何满潮等运用工程地质学和现代力学相结合的方法,提出了工程地质学支护理论。该理论认为:软岩巷道的变形力学机制通常是三种以上的变形力学机制的复合类型,支护时要"对症下药",合理有效地将复合型变形力学机制转化为单一型变形力学机制。由何满潮提出的"关键部位耦合组合支护理论"认为:巷道支护破坏大多是由支护体与围岩体在强度、刚度和结构等方面存在不耦合造成的;要采取适当的支护转化技术使其相互耦合,软岩巷道支护要分为两次支护,第一次是柔性的面支护,第二次是关键部位的点支护。

方祖烈提出了主次承载区支护理论,该理论认为:巷道开挖后,在围岩中形成拉压域。压缩域在围岩深部,处于三向应力状态,围岩强度高,是维护巷道稳定的主承载区;张拉域在巷道周围,围岩强度相对较低,通过支护加固,有一定的承载力,称为次承载。主、次承载区的协调作用决定巷道的最终稳定性。

侯朝炯等通过深入研究得到了煤巷锚杆支护的关键理论和技术,特别是提出了围岩强度强化理论,主要内容包括:① 锚杆支护实质是锚杆与锚固区域的岩体相互作用组成锚固体,形成统一的承载结构;② 锚杆支护可提高锚固体的力学参数,包括锚固体破坏前与破坏后的力学参数(E、C、ψ),改善被锚岩体的力学性能;③ 巷道围岩存在破碎区、塑性区、弹性区,锚杆锚固区域岩体的峰值强度、峰后强度及残余强度均能得到强化;④ 锚杆支护可改变围岩的应力状态,增加围压,提高围岩的承载能力,改善巷道支护状况;⑤ 围岩锚固体强度提高后,可减小巷道周围的破碎区、塑性区范围和巷道表面位移,控制围岩破碎区、塑性区的发展,从而有利于巷道围岩的稳定。

最大水平应力理论认为:当垂直应力增大后,岩层由于泊松效应产生侧向变形,造成岩层之间沿摩擦力很低层面出现相对滑动形成附加水平应力作用于顶板岩层,如图 1-1 所示。澳大利亚学者盖尔(W.J.Gale)通过现场观测与数值模拟分析得出:巷道顶、底板变形与稳定性主要受水平应力的影响,如图 1-2 所示。

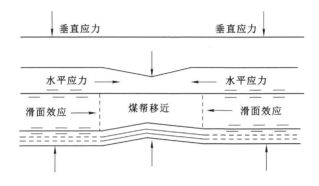

图 1-1　垂直应力与水平应力作用机理

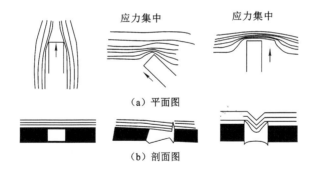

（a）平面图

（b）剖面图

图 1-2　水平应力方向对巷道变形与破坏影响

1.2.2　软岩巷道支护技术的发展

随着软岩巷道控制理论的研究和现场实践的经验积累,国内外已经形成了比较完善的支护技术和支护手段。我国在锚网支护技术研究与应用中取得了长足的进展。目前,我国已形成的成套支护技术有锚网索喷支护技术、锚网索喷注浆加固技术、U 型钢可缩性金属支架、U 型钢支架＋喷注、混凝土注浆加固、壁后充填全断面封闭式 U 型钢可缩支架、壁后充填大弧板支护、立体桁架,以及上述部分支护形式和锚网喷、卸压等联合支护技术。

国外已经历软岩巷道工程并进行过深入研究的国家有德国、波兰、日本、澳大利亚、美国、英国、加拿大、瑞典、意大利、南非等。研究的主要突破点是支护新材料、支护设备方面,在支护新材料方面主要研发了锚杆支护、喷射混凝土支护、钢结构支护、混凝土预制大弧板结构等。在围岩变形及地质规律研究方面开展了软岩物理力学特性及微观结构的初步研究,但没有进入实质性应用阶段,研究进展不明显。在复杂高应力围岩变形破坏特性、地质规律等方面的研究还处于探索阶段。

1.2.3 锚杆支护理论与技术的发展

1.2.3.1 锚杆支护理论研究现状

我国于 1956 年开始使用锚杆支护,迄今为止已有 60 多年历史。锚杆支护机理研究随着锚杆支护实践在不断发展,国内外已经取得大量研究成果。

(1)悬吊理论

1952 年,路易斯·阿·帕内科(Louis A. Pnake)等发表了悬吊理论,该理论认为:锚杆支护的作用就是将巷道顶板较软弱岩层悬吊在上部稳固的岩层上,在预加张紧力的作用下,每根锚杆承担其周围一定范围内岩体的重量,锚杆的锚固力应大于其所悬吊的岩体的重量。悬吊理论示意图见图 1-3。

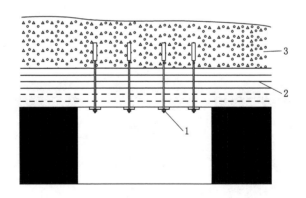

1—锚杆;2—松散破碎岩体;3—稳定岩层。

图 1-3 悬吊理论示意图

悬吊理论是最早的锚杆支护理论,该理论认为:锚杆支护作用是将顶板下部不稳定松散破碎岩层悬吊在上部稳定的岩层中,在比较软弱的围岩中,巷道开掘后应力重新分布,出现松动破碎区,在其上部形成自然平衡拱,锚杆支护的作用是将下部松动破碎的岩层悬吊在自然平衡拱上。悬吊理论具有直观、易懂及使用方便等特点,应用比较广泛,在采深较浅、地应力不高、没有明显构造应力影响的区域使用最多。悬吊理论能较好地解释锚固顶板范围内有坚硬岩层时锚杆支护获得成功的原因。但在跨度较大的软岩巷道中,普氏拱高往往超过锚杆长度,悬吊理论难以解释锚杆支护获得成功的原因。

（2）组合梁理论

组合梁理论认为:端部锚固锚杆提供的轴向力将对岩层离层产生约束,并且增大了各岩层间的摩擦力,与锚杆杆体提供的抗剪力一同阻止岩层间产生相对滑动。组合梁作用原理如图 1-4 所示。对于全长锚固锚杆,锚杆和锚固剂共同作用,明显改善了锚杆的受力状况,增加了控制顶板离层和水平错动的能力,效果优于端部锚固锚杆。从岩层受力角度考虑,锚杆将各个岩层夹紧形成组合梁,组合梁厚度越大,梁的最大应变值越小,其充分考虑了锚杆对离层及滑动的约束作用。组合梁理论适用于由若干层状岩层组成的巷道顶板。

德国雅各比(Jacobin)等 1952 年提出组合梁作用理论,其实质是通过锚杆的径向力作用将叠合梁的岩层挤紧,增大层间的摩擦力,同时锚杆的抗剪力也阻止层间错动,从而将叠合梁转化为组合梁。组合梁理论能较好地解释层状岩体锚杆的支护作用,但难用于锚杆支护设计。在组合梁的设计中,难以准确反映软弱围岩的情况,将锚固力等同于框式支架的径向支护力是不确切的。

（3）减跨理论

在悬吊作用理论及组合梁作用理论的基础上提出了减跨理论,该理论认为:锚杆末端固定在稳定岩层内,穿过薄层状顶板,每根锚杆相当于一个铰支点,将巷道顶板划分成小跨,从而使顶板挠度降低。减跨作用原理见图 1-5。

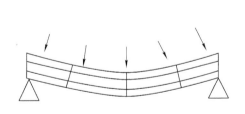

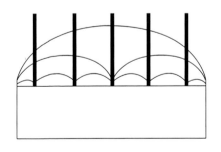

图 1-4　组合梁作用原理　　　　　图 1-5　减跨作用原理

在该理论中锚杆固定在稳定岩层内,距离巷道顶面较远,其对巷道顶板的悬吊作用并不像简支梁的支点那样垂直位移为 0,其要随围岩一起变形且两者的变形是一个相互影响的过程,因而其悬吊点实际上是一个有一定量位移的弹性铰支座。应在考虑锚杆变形的基础上进行更进一步的深入研究。

（4）组合拱理论

组合拱理论认为：在沿拱形巷道周边布置锚杆后，在预紧锚固力的作用下，每根锚杆都有一定的应力作用范围，只要取合理的锚杆间距，其应力作用范围就会相互重叠，从而形成一连续的挤压加固带，即厚度较大的组合拱；该加固带的厚度是普通砌碹支护厚度的数倍，故能更为有效地抵抗围岩应力，减少围岩变形，其支护效果明显好于普通砌碹支护。组合拱理论是这样阐述锚杆作用机理的，即：在软弱、松散、破碎的岩层中安装锚杆，形成如图1-6所示的承载结构，假如锚杆间距足够小，各根锚杆共同作用形成的锥体压应力相互叠加，在岩体中产生一个均匀压缩带，承受破坏区上部破碎岩体的载荷。锚杆支护的作用是形成较大厚度

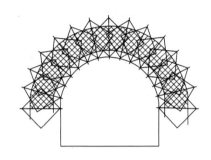

图 1-6 组合拱理论

和较大强度的组合拱，拱内岩体受径向和切向应力约束，处于三向应力状态，岩体承载能力大大提高，组合拱厚度越大，越有利于围岩的稳定。组合拱理论充分考虑了锚杆支护的整体作用，在软岩巷道中得到了较为广泛的应用。

1.2.3.2 锚杆支护技术研究现状

锚杆支护作为一种插入围岩内的巷道支护方式，不仅能给巷道围岩表面施加托锚力，起到支护作用，还能给锚固岩体施加约束围岩变形的锚固力，使被锚固岩体强度得到提高，起到加固围岩的作用。

当前，锚杆支护已经被认作非常有效和经济的支护方式，广泛应用于采矿、隧道、公路、铁路、大坝基础等方面。世界上主要的产煤国家锚杆支护技术的发展过程概括如下：

1872 年，北威尔士（North Wales）采石场第一次应用了锚杆，挪威苏利特杰尔马（Sulitjelma）煤矿最先采用锚杆支护，他们把锚杆支护称为"悬岩的缝合"。

美国是世界上最早将锚杆作为唯一煤矿顶板支护方式的国家。1943 年，开始有计划、系统地使用锚杆；1947 年，锚杆受到普遍欢迎；20 世纪 50 年代初，发明了世界上第一个涨壳式锚头；60 年代末，发明了树脂锚固剂，使用的锚杆相当一部分都是树脂锚固剂全长胶结的形式；70 年代末，首次将涨壳式锚头与树脂锚固剂联合使用，使得锚杆具有很高的预拉力（达到杆体本身强度的 50%～75%）。

澳大利亚主要推广全长树脂锚固锚杆，强调锚杆强度要高。其锚杆设计方法是将地质调研、设计、施工、监测、信息反馈等相互关联、相互制约的各个部分

作为一个系统工程进行考察,形成锚杆支护系统的设计方法。

从 1952 年开始,英国大规模使用机械式锚杆,但最终证明英国较软弱的煤系地层不适宜用机械式锚杆,到 20 世纪 60 年代中期,英国逐渐开始不使用锚杆支护技术。1987 年,由于煤矿亏损,煤矿逐步私有化,随后,英国煤炭公司参观澳大利亚煤矿,引进澳大利亚成套锚杆支护技术,并在全行业重新推广。

德国自 20 世纪 80 年代以来,由于采深加大,U 型钢支架支护费用高,巷道维护日益困难,因此开始使用锚杆支护。80 年代初期,锚杆支护在鲁尔矿区试验成功,现已应用到千米的深井巷道中,取得了许多有益的经验。

波兰没有一个煤矿将锚杆支护用作永久顶板支护技术,所有井工矿采用 U 型钢支架。由于缺乏操作经验、作业标准,加上地质条件差,波兰向锚杆支护技术的转变过程比较缓慢。

俄罗斯在采区巷道支护中同时发展各类支护方式,其中锚杆支护发展引人瞩目,在库兹巴斯矿区锚杆支护在巷道支护中所占比重已达 50% 以上。由于缺乏资金,现代化锚杆支护设备的维护和改进工作进展非常缓慢。

南非大部分井工矿煤层是硬砂岩顶板,开采条件良好,采用了不同的顶板锚杆安装形式,锚杆安装作业并不构成采煤作业的"瓶颈",为了阻止顶板岩层的局部冒落,一些煤矿安装了严格的顶板岩层监控系统。

20 世纪 60 年代中后期,法国引进商品化的全长锚固锚杆,由于发生了严重的坍塌事故,对锚杆支护进行了深入研究,煤巷锚杆支护技术发展迅速,1986 年其比重已占到 50%。

印度大多数井工矿采用锚杆支护方式,主要是点锚固锚杆或承载能力为 60~80 kN 的水泥锚杆,同时全脂锚杆也已得到使用。

从 1956 年开始,我国煤矿使用锚杆支护,最初在岩巷中发展迅速,20 世纪 60 年代进入采区煤巷,80 年代开始把锚杆支护作为行业重点攻关方向,并在"九五"期间形成了成套高强螺纹钢树脂锚杆支护技术,基本解决了煤矿Ⅰ、Ⅱ、Ⅲ类顶板支护问题,在部分更复杂条件下也取得了成功。据统计,2006 年国有大中型煤矿锚杆支护率已达到 65%,有些矿区超过了 90%,锚杆支护技术水平大大提高。但是,这期间形成的锚杆支护技术在赋存广泛的Ⅳ、Ⅴ类巷道中使用时存在两个缺陷:① 围岩变形剧烈,断面得不到有效控制;② 局部冒顶现象常有发生,锚杆锚固区内离层,甚至锚杆锚固区整体垮冒等事故时有发生。原因在于:① 顶板离层垮冒的失稳机理认识不清,巷道围岩控制理论没有突破;② 支护方法没有创新,支护手段较单一。

杨双锁等对锚杆受力演化机理进行了探讨,提出了锚固体第 1、第 2 临界变形量的概念;揭示了锚杆轴向锚固力随着锚固体变形而演变的三阶段特征,即锚固力强化变形阶段、锚固力保持恒定的变形阶段和锚固力弱化变形阶段。变形量小于第 1 临界变形量时,锚固力随变形量而增强;变形量介于第 1、第 2 临界变形量之间时,随着变形增加整体锚固力保持最大而黏锚力分布发生转移;变形量大于第 2 临界变形量后,锚固力随变形增加而衰减。第 2 临界变形量与锚固长度成正相关关系,不同变形特征的巷道应采用不同的锚固长度,使锚杆在围岩变形过程中尽量保持在锚固力演变的第 2 阶段。同时提出了确定锚固长度时应考虑巷道变形量大小的观点。

康红普等在分析锚杆支护作用机制的基础上,提出高预应力、强力支护理论,强调锚杆预应力及其扩散的决定性作用;指出对于复杂困难巷道,应尽量实现一次支护就能有效控制围岩变形与破坏;研究开发出煤矿锚杆支护成套技术,包括巷道围岩地质力学测试技术、动态信息锚杆支护设计方法、高强度锚杆与锚索支护材料、支护工程质量检测与矿压监测技术,以及锚固与注浆联合加固技术;此成套技术成功应用于千米深井巷道、软岩巷道、强烈动压影响巷道、大断面开切眼、深部沿空掘巷与留巷、采空区内留巷及松软破碎硐室加固。实践表明,采用高预应力、强力锚杆支护系统,必要时配合注浆加固,能够有效控制巷道围岩的强烈变形,并取得良好的支护效果。

1.2.3.3 锚索支护技术发展概况

自从 1934 年阿尔及利亚的科因(Coyne)工程师首次将锚索加固技术应用于水电工程的坝体加固并取得成功,并随着高强钢材和钢丝的出现、钻孔灌浆技术的发展,以及对锚索技术研究的深入和对锚固技术认识的逐步提高,预应力锚索加固技术已广泛应用于各个工程领域,并成为岩土工程技术发展史上的一个里程碑。

近年来,英国、澳大利亚等采矿业较发达的国家注重锚索技术的应用和发展。在较差的围岩条件下,以及断层带、破碎带和受采动影响难于支护的巷道中,为提高支护强度和效果,通常采用锚索进行加强支护。

我国的锚索加固技术应用开始于 20 世纪 60 年代,1964 年在梅山水库右岸坝基的加固中首次成功地应用了锚索加固技术。目前,锚喷技术已经成为我国煤矿巷道支护的主要形式之一,而预应力锚索在锚固技术中也占有重要地位,已从原来的岩巷扩展应用于煤巷。尤其是深井煤巷、围岩松散或受采动影响大的巷道、大硐室、切眼及构造带等需要加大支护长度和提高支护效果的地方,采用预应力锚索是非常有效的方法。

随着安全高效工作面,特别是综放工作面的发展,锚杆支护已成为煤层巷道重要的支护手段。由于综放工作面回采巷道断面大、围岩松软变形大,采用单一的锚杆支护已难以满足工程要求,因此在煤层巷道中采用锚杆与锚索联合支护变得越来越普遍。锚索支护是采用有一定弯曲柔性的钢绞线通过预先钻出的钻孔以一定的方式锚固在围岩深部,外露端由工作锚通过压紧托盘对围岩进行加固补强的一种手段。作为一种新型可靠、有效的加强支护形式,锚索在巷道支护中占有重要地位。其特点是锚固深度大、承载能力高,将下部不稳定岩层锚固在上部稳定的岩层中,可靠性较高;可施加预应力,主动支护围岩,因而可获得比较理想的支护加固效果,其加固范围、支护强度、可靠性是普通锚杆支护所无法比拟的。

锚索除具有普通锚杆的悬吊作用、组合梁作用、组合拱作用、楔固作用外,与普通锚杆不同的是对顶板进行深部锚固而产生强力悬吊作用。

1.2.3.4 棚式支护技术发展现状

由于煤矿井下地质条件相当复杂,巷道支护结构承受的载荷以及载荷分布不断变化,特别是一些围岩变形量较大的巷道(如受采动影响巷道、软岩巷道、深井巷道、位于断层破碎带的巷道),支护工作难度很大。棚式支护技术具有优良的力学性能、优越的几何参数、合理的断面形状等优点,因而其在现场应用仍十分广泛。

1932 年,德国在井下开始使用 U 型钢可缩性支架。1965—1967 年,德国煤炭主要产地鲁尔矿区可缩性拱形支架仅占 27%,1972—1977 年已达 90%,并已形成系列化。1953 年,英国煤矿水平巷道总长度为 22 400 km,金属支架比重已占 72%。波兰全国有 66 个煤矿,使用金属支架支护的巷道占 95% 以上。1978 年,苏联使用拱形金属支架支护的巷道占 57.2%,主要用于采区内的巷道,1980 年已占到全部井下巷道的 62%。

国外巷道棚式支护发展的特点:① 由木支架向金属支架发展,由刚性支架向可缩性支架发展;② 重视巷旁充填和壁后充填,完善拉杆、背板,提高支护质量;③ 由刚性梯形支架向拱形可缩性支架发展,同时研制与应用非对称性可缩性支架。

我国巷道棚式支护也取得了很大发展:① 支架材料主要有矿用工字钢和 U 型钢,并已形成系列;② 发展了力学性能较好、使用可靠、方便的连接件;③ 研究、设计了多种新型可缩性金属支架;④ 提出了确定巷道断面和选择支架的方法;⑤ 改进支架本身力学性能,重视实际使用效果;⑥ 建立了巷道支架整架实验台;⑦ 随着可缩性金属支架用量的增加,支架的成型、整形以及架设机械化有了新的发展。

1.2.4 U 型钢支架支护技术的发展

U 型钢可缩性支架是于 1932 年从德国发展起来的。当时采用的型钢为异型钢,以后在型钢截面形状与尺寸方面几经改进和优化,有效避免了型钢搭接部位出现拉断破坏;同时,支架连接件也不断改进。德国成为巷道以 U 型钢可缩性钢支架支护为主的国家之一。经常使用的 U 型钢有 13 kg/m、16 kg/m、21 kg/m、25 kg/m、29 kg/m、36 kg/m、44 kg/m 等七种规格。U 型钢支架在英国、波兰、苏联等国也得到了广泛的应用。20 世纪 60 年代初期,我国开滦、淮南等矿务局也使用了 U 型钢可缩性金属支架。20 世纪 60 年代中期发展缓慢,直到 70 年代后期,U 型钢可缩性金属支架才有了较快的发展。在开滦矿务局,采准巷道基本上使用了 U 型钢可缩性金属支架,支护巷道超过 380 km。

为了提高 U 型钢可缩性支架质量,改善受力状态和整体稳定性,德国在钢的热处理、钢筋网背板、拉杆以及棚架壁后充填等配套技术与措施方面进行了大量研究。各种 U 型钢可缩性金属支架一般要经过调质处理,调质处理使型钢在延伸率保持 16% 左右时,可以大幅度提高型钢的强度性能,其中:屈服极限提高 48.5% 左右,达到 490~529 MPa;抗拉强度极限提高 18% 左右,达到 650 MPa 左右。

尽管如此,在高地应力软岩巷道中,我国的 U 型钢使用状况还远远不能令人满意,主要表现在以下几个方面:

(1) U 型钢可缩性支架的强度低,不能有效地控制软岩巷道大变形,导致支架型钢、接头卡缆变形破坏严重从而造成回收率很低。许多矿区把 U 型钢可缩性金属支架作为一次性投入,大大增加了巷道支护成本。

(2) U 型钢可缩性支架的最大优点在于可缩,但在实际应用中,通常其可缩量很小(远小于巷道断面的 20%)时就已发生破坏,从而失去了可缩的意义。

(3) 从 U 型钢可缩性支架的力学性能分析可知,支架在围岩地压作用下达到极限的应力主要是由弯曲力矩造成的。在软岩巷道中由于支架承受较大的侧压力和荷载的不均匀性使支架失去稳定性、可缩性而减弱竖向承载能力,一般具有可缩性的外部支架均不可避免地受到上述破坏力系的作用,因此大大减弱了支架本身具有的优越力学性能。

为了改善 U 型钢支架受力状态,保证 U 型钢支架及时对围岩产生有效的支撑作用,国内外发展了 U 型钢支架壁后充填技术。德国试验了石膏、水泥、粉煤灰、聚氨酯等各种不同的充填材料,发展了适于泵送的湿式充填工艺及相应的充填机具和设备。关于 U 型钢支架配套的壁后充填技术,中国矿业大学、辽宁工程技术大学,以及淮南矿业(集团)有限责任公司、鹤壁煤业(集团)有限责任公司、兖矿集团有限公司和内蒙古平庄煤业(集团)有限责任公司等先后进行了有益的探索和试验,进行过矸石、毛石、水泥砂浆、炉渣、粉煤灰袋装材料和高水灰渣材料多种材料的巷道支架壁后充填试验,支架壁后充填作用效果十分明显。

但是,在国内 U 型钢支架壁后机械化充填技术还没有得到广泛的推广应用,关键问题是成套的装备与工艺技术还不过关,主要工序没有实现机械化,劳动强度大,充填速度慢,充填材料力学性能不佳,充填效果不够理想。

1.2.5　网壳支护技术的发展

1998 年以来,安徽理工大学软岩支护课题组开展了新型支架研究,设计出一种新型钢筋网壳构件,既可在巷道及大断面硐室内组装成连续式支护,对围岩进行连续支撑,又可以先撑后喷,在围岩表面形成半刚性薄壳衬砌结构。普通钢筋网喷层与网壳喷层单点加载室内对比试验表明,前者为小挠度折断,后者为大挠度渐进破坏,且承载能力明显增大。与传统金属支架相比,网壳新型支架具有加工方便、施工工艺简单、工人劳动强度低、成本低等优点。截至目前,该结构已成功应用于淮南矿业(集团)有限责任公司、徐州矿务集团有限公司、淮北矿业(集团)有限责任公司、萍乡矿业集团有限公司等矿区的软岩巷道支护。

然而实际工程中发现,受施工条件、巷道地压分布不均匀等复杂因素的影响,随着网壳混凝土喷层受拉区增大,容易造成局部混凝土开裂甚至脱落,严重影响巷道衬砌支护整体的稳定性。因此,在网壳锚喷的基础上进一步开发柔性喷层,对提高混凝土喷层的韧性、抗拉和抗剪强度,使混凝土喷层能与钢筋网壳同步协调变形,改善网壳整体支护效果具有重要的研究价值。

1.3　研究存在的问题

尽管国内外一些专家学者对软岩巷道支护进行了大量的研究,也取得了一定的研究成果,但对于软岩巷道支护理论与技术的研究还存在以下一些问题:

(1) 对软岩巷道变形规律及破坏特征还不是十分清楚,特别是对大断面高应力泥化软岩巷道变形规律与破坏特征研究较少,考虑不同支护强度作用软岩巷道围岩变形随时间的变化规律还有待于进一步研究。

(2) 对端部锚固预应力锚杆和全长锚固非预应力锚杆支护作用机理研究较多,但对全长锚固预应力锚杆支护机理的研究还不完善,需要从锚杆杆体本身以及锚杆加固围岩两方面进一步深入研究,特别是对短细密全长锚固预应力锚杆支护机理的研究。

(3) 软岩巷道支护往往采用联合支护,支护成本较高,支护效果也不是十分明显,特别是复合型软岩巷道,需要采用多种支护手段的复合支护技术,支护体往往被各个击破。因此,需要进一步研究高应力泥化软岩巷道围岩应力与变形规律,寻求一套经济、有效的高应力泥化软岩巷道支护技术与工艺。

(4) 尽管软岩巷道支护理论与技术较多,但这些支护理论与技术大部分具有各自的适用条件及应用范围,适合于江西安源实业股份有限公司某矿－850 m东皮带大巷这样复杂条件的大断面高应力泥化软岩巷道支护理论还不完善,技术还不成熟,需要更新支护理念,进一步研究高应力泥化软岩巷道支护理论与技术。

1.4　研究内容

1.4.1　软岩巷道围岩应力与变形规律及其破坏特征研究

通过现场、文献调研以及实验室试验等方法分析软岩物理力学性质,结合江西安源实业股份有限公司煤矿－850 m东皮带大巷原支护监测结果,分析了软岩巷道围岩应力与变形规律、破坏特征,以及软岩巷道变形破坏的主要影响因素与对策;以江西安源实业股份有限公司某矿－850 m东皮带大巷为工程背景,采用连续介质快速拉格朗日差分分析(FLAC³ᴰ)软件,分析了直墙半圆拱形和马蹄形两种断面巷道围岩塑性区分布规律、围岩应力与变形分布规律,为－850 m东皮带大巷支护设计提供参考依据。

1.4.2　软岩巷道围岩蠕变模型及流变规律研究

通过现场取样进行泥质粉砂岩三轴压缩蠕变试验,根据试验现象,结合基本的流变理论,建立软岩巷道围岩全过程黏弹塑性蠕变模型;由试验数据,利用最小二乘法对模型中的各参数进行非线性回归分析得到模型参数;将得到的模型绘制成曲线与试验数据绘制的曲线比较,验证模型参数的合理性;以江西安源实业股份有限公司某矿－850 m东皮带大巷围岩条件为基础,根据软岩巷道围岩全过程蠕变模型,采用 FLAC³ᴰ软件,分析了不同支护强度下软岩巷道围岩流变规律,为软岩巷道支护理论与技术研究提供基础。

1.4.3　让压壳的构筑及短细密锚杆支护机理研究

根据软岩巷道支护存在的问题提出让压壳的概念,并给出了让压壳的形成条件、支护作用特点和要求及支护内涵;根据锚杆-围岩相互作用原理,考虑全长锚固预应力锚杆支护作用的主要影响因素,建立全长锚固预应力锚杆支护杆体受力计算模型,基于弹塑性力学理,推导出锚杆杆体轴向应力及剪应力的计算式,并分析了锚杆预紧力、长度、直径对锚杆杆体轴向应力及剪应力的影响规律;考虑全长锚固预应力锚杆安装与支护作用过程,将全长锚固预应力锚杆支护与加固作用分成初始状态和最终状态进行分析,根据全长锚固预应力锚杆支护与加固围岩作用特点,建立了全长锚固预应力锚杆支护与加固围岩力学模型,推导出全长锚固预应力锚杆支护作用下,围岩沿锚杆轴向应力和径向应力以及环向应力的计算式,并分析了锚杆预紧力、长度对围岩沿锚杆轴向应力和径向应力的影响规律,为让压壳-网壳耦合支护设计提供理论基础。

1.4.4 让压壳-网壳耦合支护原理与技术研究

在分析现有支护理论与技术适用条件及存在问题的基础上,针对高应力泥化软岩巷道应力与变形破坏特征,以及网壳支架结构及作用特点,提出了软岩巷道让压壳-网壳耦合支护原理与技术,分析了让压壳-网壳耦合支护原理,给出了围岩控制技术与方法、支护原则与对策;并确定了东皮带大巷预留让压空间,通过数值模拟的方法,分析了锚杆长度与密度对巷道变形控制的作用,为高应力泥化软岩巷道支护设计提供理论依据。

1.4.5 让压壳-网壳耦合支护强度与支护时机确定

以江西安源实业股份有限公司某矿−850 m东皮带大巷为工程背景,将巷道围岩划分为让压壳(在破裂区中)、破裂区、塑性区及弹性区;在破裂区内采用短细密全长锚固预应力锚杆支护,使巷道浅部围岩形成让压壳,将锚杆支护作用转化为一次支护强度与围岩加固耦合作用,即让压壳支护作用。基于黏弹塑性理论,考虑围岩蠕变与扩容,建立了一次让压壳支护强度、二次网壳衬砌支架支护强度与巷道围岩作用效果的相关性联系;推导出塑性区半径、破裂区半径以及让压壳厚度的计算式及各分区的应力表达式,分析了让压壳变形以及变形过程中能量释放,确定了让压壳支护强度与支护时机及网壳衬砌支护强度与支护时机。

1.4.6 软岩巷道围岩控制方案及工业性试验研究

基于让压壳-网壳耦合支护原理,以江西安源实业股份有限公司某矿−850 m东皮带大巷延伸段为试验巷道,确定了断面形状及尺寸,设计了合理的网壳支架,利用 ANSYS 有限元分析软件确定了网壳衬砌支架的极限承载能力;确定了东皮带大巷支护方案及参数,并进行了支护布置设计;分析了卸压控顶巷道施工技术与工艺过程。为了检验支护设计的合理性,采用 FLAC^{3D} 软件模拟分析了让压壳-网壳耦合支护效果,并将研究成果应用于现场,通过现场监测,分析了−850 m东皮带大巷支护效果,进而优化支护设计。

2 软岩巷道围岩应力与变形规律及其破坏特征

巷道支护的最终目的是控制巷道有害变形,确保巷道长期安全稳定,因此巷道围岩应力与变形规律是巷道支护设计的基础依据之一。然而不同巷道其围岩应力与变形规律及其破坏特征不同,因此研究软岩巷道围岩应力与变形规律及其破坏特征具有重要的现实意义。本章通过分析江西安源实业股份有限公司某矿-850 m东皮带大巷原支护条件下围岩变形规律及破坏特征,给出并分析了软岩巷道变形破坏的主要影响因素;以某矿-850 m东皮带大巷为工程背景,采用FLAC³ᴰ软件,分析了直墙半圆拱形和马蹄形两种断面巷道围岩塑性区分布规律、围岩应力与变形分布规律,为-850 m东皮带大巷延伸段支护设计提供参考依据。

2.1 -850 m东皮带大巷工程地质条件与原支护形式及参数

2.1.1 -850 m东皮带大巷工程地质条件

2.1.1.1 东皮带大巷概况

某矿属于高瓦斯、"双突"矿井,设计年生产能力为90万t,服务年限54.8年;地面标高为+40～+50 m,矿井划分为一个水平开采,开采水平标高为-850 m,主采煤层属简单结构煤层,煤层较稳定,煤层平均厚度为2.8 m,煤层倾角为11°～13°,平均煤层倾角为12°,开采范围为-1 250～-660 m。某矿采用立井单水平上下山开拓方式,三条大巷沿东西走向布置在井筒的两侧,水平标高为-850 m;-850 m东皮带大巷延伸沿走向布置在B4煤层底板岩层中,东为东二采区未采区,南为东二采区未采区和-850 m东大巷延伸,西为东一采区已开采掘进采区,北为东二采区未采区。-850 m东皮带大巷延伸平面图如图2-1所示。矿井开采的地质条件复杂,断层多,构造复杂,开采深度大,地应力高,围岩强度低、结构不完整,岩层胶结性差,围岩泥化程度高、易风化,遇水易膨胀,巷道围岩控制较困难,大巷每年都需要返修几次,巷道支护与返修工作是某矿重点工作之一。

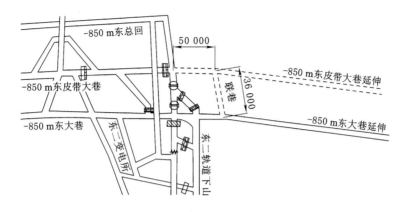

图 2-1　-850 m 东皮带大巷延伸平面图

　　-850 m 东皮带大巷原断面形状为直墙半圆拱形,净断面尺寸为 4.4 m×3.7 m。-850 m 东皮带大巷掘进为全岩,岩性为泥质粉砂岩,灰黑色,薄至中厚层状,夹薄层状泥岩及细砂岩条带。根据地应力测试结果,垂直应力为 22.5 MPa,巷道围岩侧压系数为 1.5,围岩强度低、结构不完整,岩层胶结性差,受构造应力影响较大。-850 m 东皮带大巷变形量较大,特别是底鼓严重,基本上每年都要返修 1～2 次,否则巷道无法正常使用。

2.1.1.2　东皮带大巷围岩性质及结构特征

　　(1)大巷围岩岩性及力学参数

　　-850 m 东皮带大巷布置在距离 B4 煤层底板 32 m 的泥质粉砂岩中,巷道围岩岩性为泥质粉砂岩、碳质泥岩、细砂岩、碳质页岩、泥岩砂岩互层,根据实验室试验结果可知,东皮带大巷围岩物理力学参数如表 2-1 所列。

　　(2)大巷围岩结构特征

　　为了更深入了解-850 m 东皮带大巷围岩岩性及结构特征,采用 YTJ20 型岩层探测记录仪对-850 m 东皮带大巷顶板结构特征及岩性进行探测,钻孔深度为 10 m,其围岩结构特征如图 2-2 所示。

　　监测结果显示,-850 m 东皮带大巷围岩松软、裂隙发育、泥化严重,巷道顶板浅部围岩为碳质泥岩,再向深部为泥质粉砂岩、细砂岩。围岩结构完整性差,岩层胶结性差,属于层状泥化软弱结构。

表 2-1　围岩物理力学参数

岩性	厚度/m	抗压强度 σ_c/MPa	抗拉强度/MPa	弹性模量 E/GPa	剪切模量 S/GPa	泊松比 μ	黏聚力 C/MPa	内摩擦角 φ/(°)	密度 ρ/(kg/m³)
粉砂岩与细砂岩互层	4.0	5.6	0.60	8.9	3.8	0.18	4.20	25	2 540
泥质粉砂岩	10.0	8.8	1.10	5.4	2.2	0.25	4.60	23	2 400
碳质页岩	0.3	2.6	0.40	1.4	0.6	0.22	2.30	12	2 300
B4煤	2.8	2.4	0.35	1.6	0.7	0.16	2.00	18	1 300
碳质泥岩	2.7	4.4	0.50	3.3	1.3	0.30	3.35	20	2 450
泥质粉砂岩	8.6	8.8	1.10	5.4	2.2	0.25	4.60	23	2 400
碳质泥岩	10.0	4.4	0.50	3.3	1.3	0.30	3.35	20	2 450
细砂岩	5.4	14.0	1.90	12.1	5.0	0.21	7.00	32	2 650
泥质粉砂岩	2.9	8.8	1.10	5.4	2.2	0.25	4.60	23	2 400
碳质泥岩	2.4	4.4	0.50	3.3	1.3	0.30	3.35	20	2 450
泥质粉砂岩	5.6	8.8	1.10	5.4	2.2	0.25	4.60	23	2 400
碳质泥岩	3.4	4.4	0.50	3.3	1.3	0.30	3.35	20	2 450
泥质粉砂岩	6.8	8.8	1.10	5.4	2.2	0.25	4.60	23	2 400
细砂岩	8.0	14.0	1.90	12.1	5.0	0.21	7.00	32	2 650
粉砂岩与泥岩互层	13.2	4.0	0.62	4.8	2.0	0.20	3.55	19	2 420
细砂岩	5.0	14.0	1.90	12.1	5.0	0.21	7.00	32	2 650

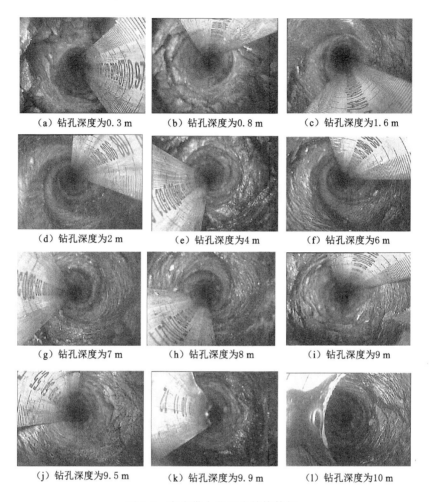

（a）钻孔深度为0.3 m　　（b）钻孔深度为0.8 m　　（c）钻孔深度为1.6 m

（d）钻孔深度为2 m　　（e）钻孔深度为4 m　　（f）钻孔深度为6 m

（g）钻孔深度为7 m　　（h）钻孔深度为8 m　　（i）钻孔深度为9 m

（j）钻孔深度为9.5 m　　（k）钻孔深度为9.9 m　　（l）钻孔深度为10 m

图 2-2　东皮带大巷围岩结构特征

2.1.2　－850 m 东皮带大巷原支护形式与参数

－850 m 东皮带大巷原支护采用锚梁网喷索组合支护作为永久支护,支护材料为等强度螺纹钢锚杆、金属网、钢筋梯子梁、锚索等,如图 2-3 所示。东皮带大巷返修时采用的锚梁网喷索＋29U 或 36U 型钢的支护形式。

2.1.2.1　锚杆及组合构件支护参数

锚杆:采用材质为新型等强度螺纹钢树脂锚杆,其破断载荷不小于 160 kN,杆体直径为 20 mm,长度为 2.0 m,间排距为 700 mm×700 mm,每排 13 根锚杆,锚固方式为加长锚固,每根锚杆采用 1 节 K2335 树脂药卷和 1 节 Z2335 树

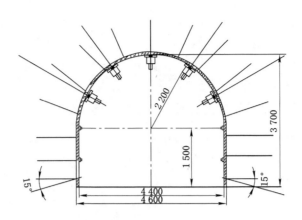

图 2-3 　 －850 m 东皮带大巷原支护图

脂药卷,锚杆扭矩≥150 N·m;托盘规格为 150 mm×150 mm×10 mm,托盘承载力均不小于 150 kN。金属网:使用 8# 铁丝机编菱形网,网目不大于 40 mm,其规格为 3 600 mm(长)×1 900 mm(宽),每排用网一块,顶板及两帮应铺满,拉紧并紧贴岩面;网间搭接 100 mm 以上,并用 14# 铁丝每隔 20 mm 绑扎。喷层混凝土:喷层所用水泥为 42.5 级普通硅酸盐水泥,砂为纯净的河砂,石子直径不大于 15 mm,并用水冲洗干净,喷浆厚度为 100 mm。钢筋梁:使用主筋直径为 10 mm、配筋直径为 8 mm 的钢筋,主筋间距不大于 80 mm,配筋间距不大于 100 mm,材料使用质量合格的 A3 圆钢。螺母 M18:所有锚杆都使用专用扭矩螺母(压入金属片或阻尼芯式加长螺母),螺母破断扭矩为 100 N·m。

2.1.2.2 锚索支护参数

锚索采用的钢绞线是 1×7 结构,直径为 15.24 mm,长度为 6.3 m,间排距为 1 000 mm×1 400 mm。每排 3 根锚索,每根锚索采用 1 节 K2335 树脂药卷和 3 节 Z2335 树脂药卷,预紧力≥60 kN。巷道喷射混凝土厚度为 100 mm,强度等级为 C20。

2.2　软岩巷道变形规律及破坏特征

2.2.1　－850 m 东皮带大巷主要变形破坏表现形式

2.2.1.1　顶板变形破坏形式

－850 m 东皮带大巷是高应力泥化软岩巷道,根据巷道围岩工程地质条件及现场表面位移监测可知,－850 m 东皮带大巷围岩应力高,加之受构造应力影响,顶压大、侧压更大,造成顶板变形大、变形速率高,永久支护形成后2个月左右巷道顶板下沉量高达400～500 mm,平均变形速率为13.4～16.6 mm/d,初期变形速率更高。—850 m东皮带大巷变形破坏形式如图2-4所示。顶板下沉变形主要以网兜的形式表现,网兜量过大,钢筋网撕裂,如图2-4(a)和图2-4(b)所示。钢筋梯子梁是由普通圆钢焊接而成的,整体性差,其搭接部位是支护的薄弱部位,来压时焊接处容易产生开裂和拉断;梯子梁的宽度较窄,且两根钢筋之间仅有几根连接筋,因此梯子梁护表面积较小;钢筋的柔性太大,强度有限,不利于高应力软岩巷道支护。混凝土喷层因变形过大而开裂脱落,锚网喷索的支护作用部分或完全失效,螺母脱落,托盘扭曲变形严重,金属网与托盘连接处多处撕裂。在巷道变形过程中,锚索没有被拉断的现象,但锚索出现扭曲现象,如图2-4(d)所示。巷道围岩破裂区、塑性区较大,锚索没有锚固在坚硬岩层中,锚索与围岩一起运动,没有起到悬吊的作用。顶板浅部岩层呈现受拉状态,在较高侧压的作用下,局部出现尖顶变形及冒顶现象,顶板局部发生拉伸破坏,如图2-4(e)所示。

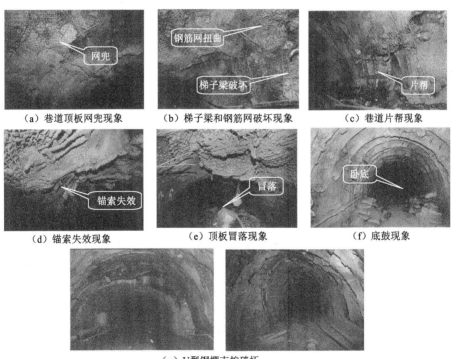

(a) 巷道顶板网兜现象　　(b) 梯子梁和钢筋网破坏现象　　(c) 巷道片帮现象

(d) 锚索失效现象　　(e) 顶板冒落现象　　(f) 底鼓现象

(g) U型钢棚支护破坏

图2-4　—850 m东皮带大巷变形破坏形式

2.2.1.2　巷道两帮变形破坏形式

两帮收敛变形量大,侧帮内挤,巷道开挖 2 个月左右,两帮移近量为500～600 mm,初期变形速率达到 20 mm/d 以上,特别是帮底有明显的收敛,呈不对称变形,北帮变形量大于南帮变形量,存在不同程度的片帮,片帮多发生在侧墙中下部,墙角处最为严重,并且北帮比南帮严重。轻微片帮时,仅在侧墙上出现贯通性纵向裂缝。严重片帮时,喷层与岩层出现离层,喷层与围岩之间形成空腔,钢筋网强烈扭曲、喷锚挂网扭曲或被拉断,围岩被挤出而外露。

2.2.1.3　底板变形破坏形式

巷道底鼓严重,1 个月内底鼓量便达到 600 mm 以上,两个月底鼓量超过1 000 mm。底板无支护措施,造成底板成为应力释放的薄弱部分,底板变形量及变形速率高,不得不经常卧底,卧底工作量大。底鼓会导致两帮移近量增大、顶板下沉,巷道维护更加困难。

高应力泥化软岩巷道采用锚网喷索支护体难以承受－850 m 东皮带大巷围岩的变形,巷道维护十分困难,巷道使用两个月左右就必须进行返修,维修费用累计超过 4 万元/m。－850 m 东皮带大巷返修使用过锚网喷索＋29U 或 36U型钢支护,砌碹及混凝土碹、卸压、围岩注浆等多种联合支护形式,结果均在 3～6 个月内遭到破坏,不得不继续返修。显然,采用常规的支护理论与技术不能控制－850 m 东皮带大巷围岩的有害变形。

2.2.2　高应力泥化软岩巷道变形破坏特征

2.2.2.1　巷道围岩变形的时间效应

(1) 变形量大

由于高应力泥化软岩巷道具有围岩应力较高、强度低、结构完整性差、泥化易风化等特征,在支护强度不足够大的时候,巷道围岩巨大的塑性变形能以及破碎岩体碎胀变形量必须释放出来。巷道变形过程就是能量释放的过程,能量释放必须以巷道变形表现出来,因此巷道开挖后,巷道变形量较大,巷道围岩松动圈范围大,破裂区、塑性区半径大。

(2) 初期变形速率大

由于原岩应力高,开挖卸荷迅猛、来压快,因此巷道初期变形速率很大。初期变形速率一般为每天数厘米至数十厘米。

(3) 变形持续时间长

由现场变形监测结果及变形迹象可知,巷道初期变形速率很大,变形趋向稳定后仍以较大速率持续流变,且持续时间很长,其变形具有明显的时效性。这种变形表现出蠕变的三个变形阶段:减速蠕变、定常蠕变及加速蠕变。巷道开挖完以后,由于开挖卸荷的影响,巷道初始变形比较剧烈。巷道支护以后,进入缓慢变形阶段,支护强度不够导致变形速率无明显降低,巷道继续变形,直至达到稳定变形阶段。当这种流变产生的变形压力使支护失效时,围岩条件将会继续恶化并强烈变形,这就是巷道几年内多次返修仍未能有效阻止围岩变形和破坏的根本原因。

2.2.2.2 巷道围岩变形的空间效应

巷道来压多表现为四周来压。不仅顶板、两帮发生显著变形和破坏,底板也出现强烈变形和破坏,如不对底板采取有效控制措施,则强烈底鼓会加剧两帮和顶板的变形和破坏。实测数据表明,在巷道顶、底板移近量中,约有2/3的变形量是由底鼓引起的,因此必须选择合理的断面形状和有效的全断面支护技术措施控制软岩巷道变形。

2.2.2.3 巷道围岩变形对扰动非常敏感

巷道围岩变形对应力的变化非常敏感,表现为当软岩巷道受邻近层开掘或修复巷道、水的侵蚀、支架拆损失效、爆破震动以及采动影响时,都会引起巷道围岩变形的急剧增长。另外,围岩的稳定性与施工工艺等因素有关。

2.3 软岩巷道变形破坏的主要影响因素

2.3.1 围岩结构特征对软岩巷道变形破坏的影响

某矿最发育的软弱结构面为Ⅲ、Ⅳ级结构面,如小断层、层间错动面、层面和节理裂隙等。这些结构面多被泥化夹层充填,在地下水的作用下,结构面处物质更加软化,从而造成岩体的失稳破坏。围岩岩体主要为泥化层状碎裂结构、碎裂结构、散体结构等破碎结构,如图 2-5 所示。巷道围岩多为泥质粉砂岩,单块岩石的强度和变形模量很高,但是由于多次地质构造作用,岩体结构面发育,岩体较为破碎。巷道开挖以后的卸荷作用导致结构面扩容和开裂,岩体强度和变形模量降低,因此岩体在低围压和高应力作用下表现为显著的流变性。这种流变并不是在开挖后就迅速完成,而是在巷道围岩应力不断调整中反复产生。软岩巷道变形破坏主要是围岩结构的破坏,因此需要从改变围岩结构的角度去研究软岩巷道支护理论与技术。

图 2-5 围岩结构特征图

2.3.2 地应力对软岩巷道变形破坏的影响

巷道支护的目的就是控制巷道围岩的有害变形,有害变形是影响巷道正常、安全使用的变形,巷道变形主要是围岩应力作用的结果。理论上要控制住巷道变形,确保巷道安全稳定,支护强度必须不小于巷道围岩应力。随着开采深度的不断增加,地应力增大,围岩应力增高,支护难度加大,需要的支护强度就增高。－850 m 东皮带大巷埋深为 900 m,侧压系数 $\lambda=1.5$,围岩应力高,加上巷道受构造应力影响严重,给支护带来更大的难度,现有的巷道支护手段很难达到需要的支护强度,并且在支护强度不足够大的时候,支护强度对巷道变形的影响较小,但这并不说明巷道支护就没有意义,相反意义还非常大。

巷道开挖以前,围岩处于三向应力平衡状态,开挖以后破坏了围岩的三向应力平衡状态,应力重新分布并达到新的平衡状态,巷道处于近似二向受力状态,围岩强度相对开挖前降低很多。软岩巷道开挖后围岩呈现"三区"分布,即弹性区、塑性区、破裂区,围岩强度为残余强度,一般软岩巷道围岩残余强度很低,围岩应力高于围岩残余强度,软岩巷道就会变形破坏,因此就需要进行支护。对锚杆支护来讲,锚杆支护作用一方面提高了围岩残余强度,另一方面改变了围岩受力状态,使围岩由近似二向受力状态变为近似三向受力状态,围岩残余强度在三向受力状态下得到了提高。大量的文献及现场实践表明,巷道变形无法阻止,但只要采取有效的支护理论和技术,巷道的有害变形是可以控制住的。

2.3.3 断面形状及尺寸对巷道变形破坏的影响

相同的围岩工程地质条件下,巷道断面尺寸越大,巷道越不稳定,围岩应力集中程度越高,巷道支护难度越大;在相同的支护方式及参数下,巷道断面尺寸大,其围岩变形量大,更容易失稳破坏。从支护安全角度考虑,巷道断面尺寸越小越容易维护,因此在考虑支护与掘进成本的同时,合理的断面尺寸还应满足运输、行人、通风安全的需要。

断面形状是巷道支护设计的关键之一,不同的断面形状,巷道应力及变形规律不一样,自身稳定性及围岩承载能力不同。需要根据巷道所处的工程地质条件,结合施工难度大小,确定合理的、有利于控制的断面形状。－850 m 东皮带大巷原断面形状是直墙半圆拱形,这种断面形状适合在巷道围岩应力低、强度高、无底鼓的巷道中使用。而－850 m 东皮带大巷巷道围岩应力高,侧压也大,显然断面设计不合适。－850 m 东皮带大巷原支护失效、围岩失稳、围岩变形量大,特别是底鼓严重,因此要控制住－850 m 东皮带大巷围岩的有害变形,必须改变断面的形状。特别是要控制底鼓,需要设有反底拱的断面形状。

2.3.4 支护方式及参数对巷道变形破坏的影响

从－850 m东皮带大巷变形规律及破坏特征分析中可知,造成巷道围岩大变形和支护体失效破坏的根本原因是支护强度和刚度不能满足巷道变形的需要。

高应力泥化软岩巷道开挖后会呈现"三区"分布,支护对象是围岩的破裂区,破裂区内围岩残余强度很小,加上围岩应力较高,因此需要支护,且需要的支护强度和刚度高,而现有的巷道支护手段无法达到需要的支护强度和刚度。－850 m东皮带大巷原支护手段采用锚网喷索一次支护显然不合适,返修的时候采用全封闭29U或36U型钢支护都控制不住围岩的长期变形。显然采用一次性支护不合适,就是不惜成本,可能支护效果也不明显,因此对于高应力泥化软岩巷道需要采用二次支护或多次支护。

支护方式往往采用联合支护或复合支护形式,这些支护方式不但成本高,而且容易被逐个击破,巷道变形量大,支护效果并不理想。矿井巷道的复杂多变性,支护参数的确定大多还是根据工程类比,凭工程经验的成分居多,缺乏对巷道围岩应力与变形规律的深入研究,致使支护参数选择不合理,造成支护失效,出现巷道变形破坏严重的现象。控制高应力泥化软岩巷道的有害变形,必须选择有效的支护方式及参数,使支护体与围岩以及支护体之间实现强度、刚度、结构的完全耦合。

2.3.5 施工因素对巷道变形破坏的影响

围岩应力较高,断面较大,采用全断面一次掘进的施工方法,支护难度高,施工不便,根据具体条件,采用分层导硐的施工方法可以达到卸压控顶、施工方便的目的。从现场情况分析来看,部分锚杆的预紧力不够,加上责任心不强、偷工减料、喷层厚度不均匀、锚杆安全角度不合理、喷锚工序混乱等,造成软岩巷道变形破坏。要确保软岩巷道安全稳定,必须改变支护理念,选择合理的断面形状及尺寸,确定有效的支护方式及参数,减少施工因素对巷道变形破坏的影响,支护后要及时检测锚杆及锚索支护质量,进而优化支护参数。

2.4 软岩巷道围岩应力与变形规律数值模拟

软岩巷道支护问题是世界性难题,主要原因是软岩巷道围岩应力与变形规律不清楚,支护参数不合理,缺少确定支护参数的理论依据。巷道断面形状的确定是支护成败的关键因素之一。目前普遍采用的直墙半圆拱形断面适用于顶压大、侧压小、无底鼓的条件。马蹄形断面用于围岩松软、有膨胀性、顶压和侧压很大并有一定底压的巷道。圆形断面用于膨胀性软岩、四周压力均很大的巷道。当四周压力很大但分布不均时,采用椭圆形断面,并根据顶压和侧压的大小,采用竖直或水平布置。−850 m 东皮带大巷顶压和侧压都比较大,且底鼓严重,显然采用直墙半圆拱形断面不合理。本节以直墙半圆拱形断面和马蹄形断面为例进行数值模拟,分析高应力泥化软岩巷道围岩应力与变形规律。

2.4.1 模型的建立及模拟方案与目标

2.4.1.1 模型的建立

根据−850 m 东皮带大巷工程地质条件,利用 FLAC[3D] 软件作为计算平台,建立三维数值计算力学模型,如图 2-6 所示,模型尺寸为 50 m×50 m×54 m,模型四周约束水平方向位移,底部约束垂直方向位移,采用莫尔-库仑模型进行计算。岩层的物理力学参数如表 2-1 所列,综合考虑计算精度与计算时间的要求,对巷道围岩进行网格细化,模型共划分了 71 500 个网格,其模型网格划分如图 2-7 所示。

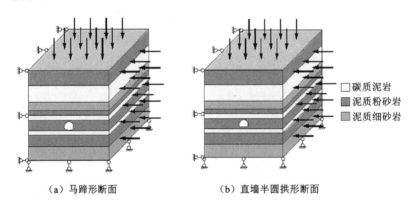

（a）马蹄形断面   （b）直墙半圆拱形断面

碳质泥岩
泥质粉砂岩
泥质细砂岩

图 2-6 三维数值计算力学模型

2.4.1.2 模拟方案及目标

在相同矿井地质条件下,模拟不同侧压影响下,马蹄形与直墙半圆拱形两种断面巷道围岩塑性区分布规律、围岩第一主应力分布规律、围岩最大剪应力分布规律、围岩变形规律等。具体模拟方案为:模拟侧压系数 λ 为 0.5,1.0,1.5,2.0 时,在巷道埋深为 900 m 的条件下,马蹄形与直墙半圆拱形断面巷道围岩塑性区分布规律、围岩第一主应力分布规律、围岩最大剪应力分布规律、围岩变形规律等,马蹄形断面和直墙半圆拱形两断面的外接圆半径是一样的。模拟目标为:

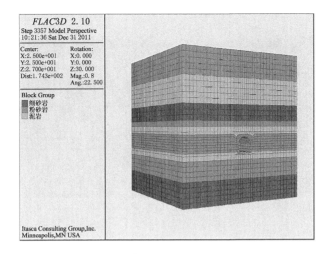

图 2-7 数值计算模型网格划分

得到不同侧压系数影响下,马蹄形和直墙半圆拱形两种断面软岩巷道围岩应力与变形规律以及围岩塑性区分布规律。

2.4.2 软岩巷道围岩塑性区分布规律

如图 2-8 及表 2-2 所示,马蹄形和直墙半圆拱形断面巷道的围岩塑性区分布规律及范围基本一样,差别不大。

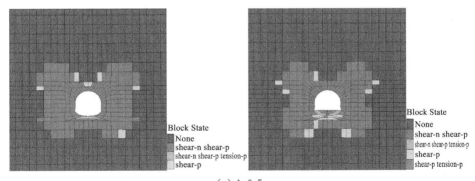

(a) λ=0.5

图 2-8 不同侧压系数下两种断面巷道围岩塑性区分布云图

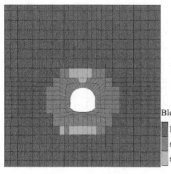 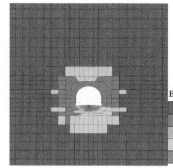

（b）λ=1.0

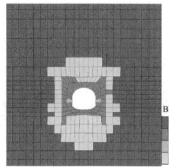 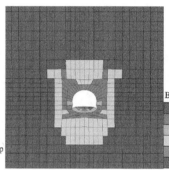

（c）λ=1.5

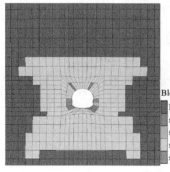 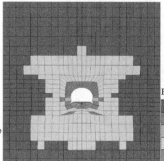

（d）λ=2.0

图 2-8（续）

表 2-2   不同侧压系数下不同断面巷道围岩塑性区半径

塑性区半径	断面	侧压系数			
		$\lambda=0.5$	$\lambda=1.0$	$\lambda=1.5$	$\lambda=2.0$
顶板/m	直墙半圆拱形	1.80	3.71	5.62	7.53
	马蹄形	1.80	3.71	5.62	5.62
底板/m	直墙半圆拱形	5.44	5.44	7.16	8.88
	马蹄形	4.44	4.44	7.88	9.6
右帮/m	直墙半圆拱形	7.12	4.46	4.46	9.78
	马蹄形	7.12	4.46	4.46	9.78

两种断面巷道随侧压系数 λ 的变化,其围岩塑性区呈现一定规律的变化;侧压系数 λ 增大,巷道顶底板塑性区范围扩大,塑性区发展形状发生变化。侧压系数 $\lambda=0.5$ 时,巷道围岩塑性区呈马鞍形分布,关于巷道中心垂线对称,巷道顶板中间部位塑性区范围小,两肩角部位及巷道顶板在跨度 1/4,3/4 处塑性区范围大;$\lambda=1.0$ 时,巷道围岩塑性区呈近似椭圆形分布,关于巷道中心垂线对称;$\lambda=1.5$ 时,巷道围岩塑性区呈瘦高形分布,关于巷道中心垂线对称;$\lambda=2.0$ 时,巷道围岩塑性区呈倒梯形分布,关于巷道中心垂线对称。

2.4.3   软岩巷道围岩变形规律

2.4.3.1   软岩巷道围岩垂直位移分布规律

尽管马蹄形与直墙半圆拱形断面巷道围岩塑性区分布范围及规律基本一致,但其围岩变形特征不一样,由图 2-9～图 2-11 及表 2-3 可知:

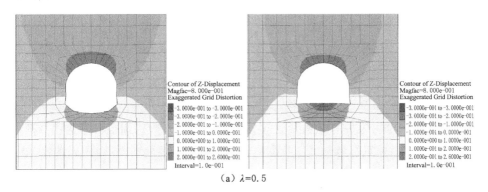

(a) $\lambda=0.5$

图 2-9   不同侧压系数下不同断面巷道围岩垂直位移云图

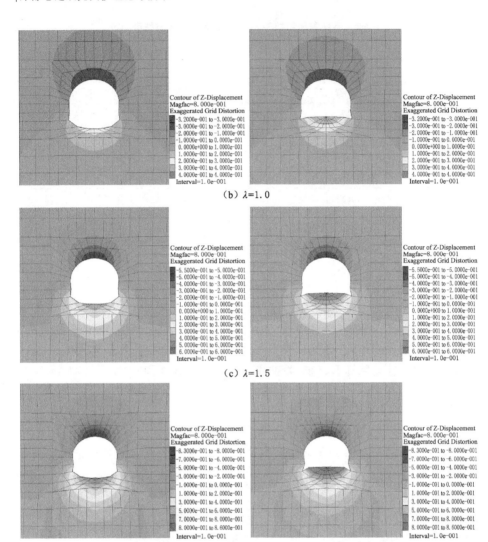

(b) λ=1.0

(c) λ=1.5

(d) λ=2.0

图 2-9(续)

　　两断面巷道顶板下沉量和底鼓量随侧压系数的增大而增加。当侧压系数 λ 超过 1.0 时,顶板下沉量和底鼓量变化较大。对于马蹄形断面,当侧压系数 λ 从 0.5 变化到 1.0 时,顶板下沉量增加了 6.8 cm;当侧压系数 λ 从 1.0 变化到 1.5 时,顶板下沉量增加了 22.3 cm,显然侧压系数 λ 从 0.5 变化到 1.0 时,顶板下沉量增加幅度较小。对于直墙半圆拱形断面,当侧压系数 λ 从 0.5 变化到 1.0 时,顶板下沉量增加了 7.0 cm;当侧压系数 λ 从 1.0 变化到 1.5 时,顶板下沉量增加了 21.5 cm,不难看出,侧压系数 λ 从 0.5 变化到 1.0 时,顶板下沉量增加幅度较小。两断面巷道底鼓量也是在侧压系数 λ 从 0.5 变化到 1.0 时增加幅度小。

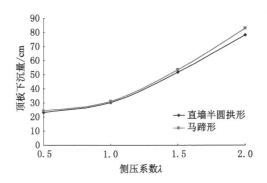

图 2-10　不同断面巷道顶板下沉量随侧压系数变化关系曲线

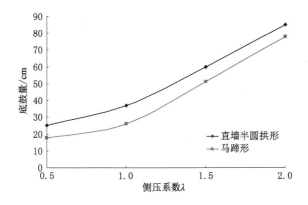

图 2-11　不同断面巷道底鼓量随侧压系数变化关系曲线

表 2-3　不同侧压系数下不同断面巷道围岩变形量

巷道位移	断面	侧压系数			
		$\lambda=0.5$	$\lambda=1.0$	$\lambda=1.5$	$\lambda=2.0$
顶板下沉量 /cm	直墙半圆拱形	23.3	30.3	51.8	78.3
	马蹄形	24.4	31.2	53.5	82.8
底鼓量 /cm	直墙半圆拱形	25.1	37.0	59.9	85.1
	马蹄形	17.6	26.2	51.3	77.9
两帮移近量 /cm	直墙半圆拱形	40.4	55.8	87.8	138.0
	马蹄形	47.0	59.6	89.4	143.0

同一侧压系数条件下，两种断面巷道顶板下沉量基本一样，相差较小，但两种断面巷道底鼓量相差较大，直墙半圆拱形断面巷道底鼓量比马蹄形断面巷道底鼓量大。因此从控制巷道底鼓角度来说，马蹄形断面要优于直墙半圆拱形断面。

2.4.3.2　软岩巷道围岩水平位移分布规律

由图 2-12 和图 2-13 可知，马蹄形和直墙半圆拱形断面巷道两帮移近量随侧压系数 λ 增加而增大，当侧压系数 λ 超过 1.0 时，巷道两帮移近量增加幅度较大。对于马蹄形断面，当侧压系数 λ 从 0.5 变化到 1.0 时，两帮移近量增加了 12.6 cm；当侧压系数 λ 从 1.0 变化到 1.5 时，两帮移近量增加了 29.8 cm。对于直墙半圆拱形断面巷道，其两帮移近量变化规律也是如此。在同一侧压系数 λ 条件下，两断面巷道两帮移近量差别不大。

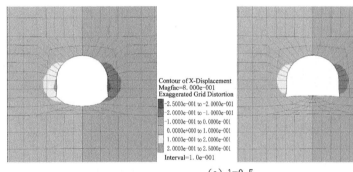

（a）λ=0.5

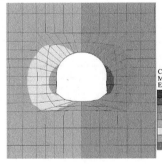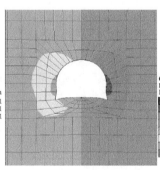

（b）λ=1.0

图 2-12　不同侧压系数下不同断面巷道围岩水平位移云图

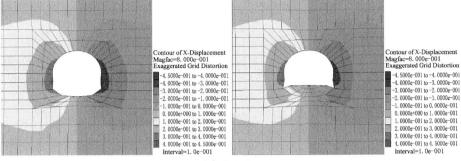

（c）λ=1.5

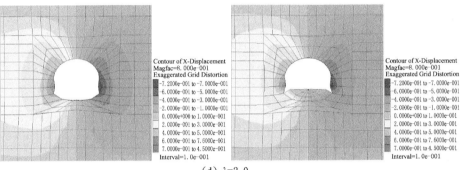

（d）λ=2.0

图 2-12（续）

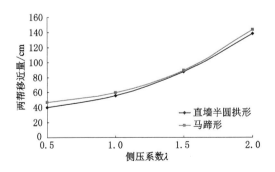

图 2-13 不同断面巷道两帮移近量随侧压系数变化关系曲线

2.4.4　软岩巷道围岩应力分布规律

2.4.4.1　巷道围岩最大剪应力分布规律

图 2-14 为不同侧压系数下不同断面巷道围岩最大剪应力分布云图,图 2-15 为不同断面巷道围岩最大剪应力峰值随侧压系数变化关系曲线,表 2-4 为不同侧压系数下不同断面巷道围岩最大剪应力峰值。由图 2-14、图 2-15 和表 2-4 可知:

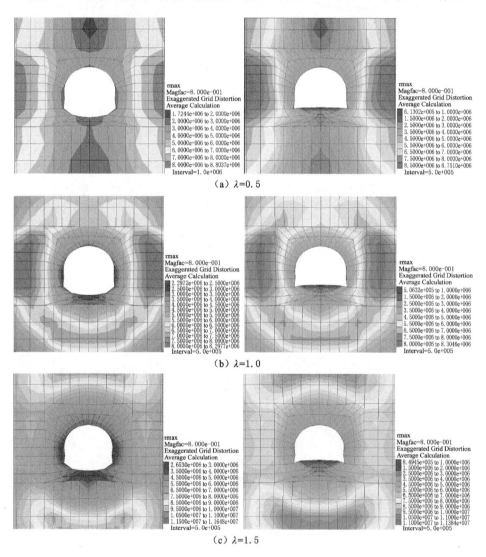

（a）$\lambda=0.5$

（b）$\lambda=1.0$

（c）$\lambda=1.5$

图 2-14　不同侧压系数下不同断面巷道围岩最大剪应力分布云图

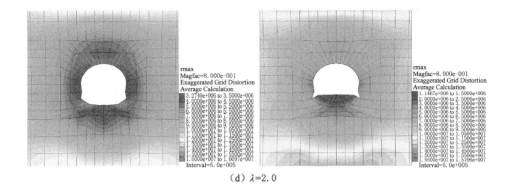

(d) λ=2.0

图 2-14(续)

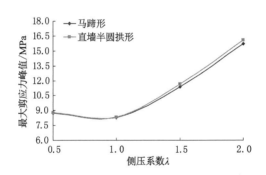

图 2-15　不同断面巷道围岩最大剪应力峰值随侧压系数变化关系曲线

表 2-4　不同侧压系数下不同断面巷道围岩最大剪应力峰值

	断面形状	侧压系数 λ			
		0.5	1.0	1.5	2.0
最大剪应力	马蹄形	8.75	8.30	11.38	15.71
峰值/MPa	直墙半圆拱形	8.80	8.31	11.65	16.10

　　两种断面巷道围岩最大剪应力峰值随侧压系数的增加而先减小后增加。当侧压系数 λ＝1.0 时,其围岩最大剪应力峰值最小;当侧压系数 λ 大于 1.0 时,其围岩最大剪应力峰值增加幅度较大。同一侧压系数,两种断面巷道围岩最大剪应力峰值基本一样。

　　马蹄形断面巷道底板为反底拱形状,由于其巷道帮部与底板连接处未圆滑过渡,应力出现小范围不均匀分布,但其巷道周边围岩的应力较直墙半圆拱形巷道周边围岩的应力有很大改善,巷道周边围岩的最大剪应力分布均匀度较高。

从巷道围岩最大剪应力分布规律看,马蹄形断面巷道的稳定性大于直墙半圆拱形断面巷道的稳定性。

2.4.4.2 巷道围岩第一主应力分布规律

图 2-16 为不同侧压系数下不同断面巷道围岩最大主应力分布云图,图 2-17 为不同断面巷道围岩最大主应力峰值随侧压系数变化关系曲线,表 2-5 为不同侧压系数下不同断面巷道围岩最大主应力峰值。由图 2-16、图 2-17 和表2-5可知:

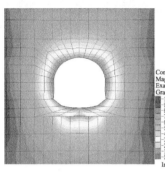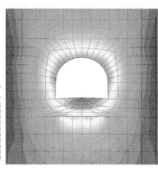

（a）$\lambda=0.5$

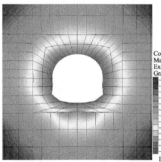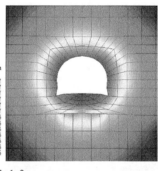

（b）$\lambda=1.0$

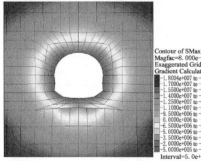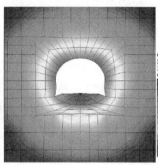

（c）$\lambda=1.5$

图 2-16　不同侧压系数下不同断面巷道围岩最大主应力分布云图

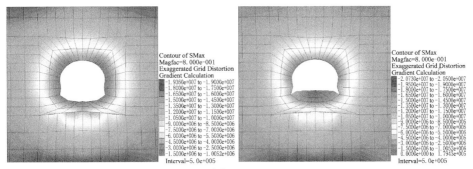

（d）λ=2.0

图 2-16（续）

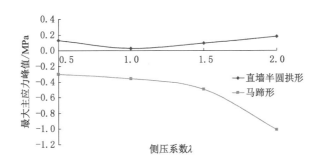

图 2-17 不同断面巷道围岩最大主应力峰值随侧压系数变化关系曲线

表 2-5 不同侧压系数下不同断面巷道围岩最大主应力峰值

	断面形状	侧压系数 λ			
		0.5	1.0	1.5	2.0
最大主应力	直墙半圆拱形	0.13	0.03	0.098	0.18
峰值/MPa	马蹄形	−0.3	−0.36	−0.49	−1.01

　　直墙半圆拱形断面巷道围岩最大主应力峰值随侧压系数 λ 增加而先减小后增大，在侧压系数 λ=1 时，围岩最大主应力峰值最小，侧压系数 λ=2 时，围岩最大主应力峰值最大；马蹄形断面巷道围岩最大主应力峰值为负值，表示巷道稳定性好，且侧压系数 λ 越大，围岩最大主应力峰值的绝对值越大，说明巷道稳定性越好。相比直墙半圆拱形断面，马蹄形断面巷道围岩最大主应力分布均匀度较高，因此马蹄形断面巷道比直墙半圆拱形断面巷道稳定。

2.5　本章小结

本章通过分析某矿-850 m东皮带大巷在原支护条件下围岩变形规律及破坏特征,给出并分析了软岩巷道变形破坏的主要影响因素;以某矿-850 m东皮带大巷为工程背景,采用FLAC³ᴰ软件分析了直墙半圆拱形和马蹄形断面围岩塑性区分布规律、围岩应力与变形分布规律,得出以下结论:

(1)采用YTJ20型岩层探测记录仪对-850 m东皮带大巷顶板进行围岩结构特征监测,根据探测结果可知,东皮带大巷围岩裂隙发育、泥化严重,大巷顶板浅部围岩为碳质泥岩,再向深部为泥质粉砂岩、细砂岩。围岩结构完整性差,岩层胶结性差,属于层状泥化软弱结构。

(2)在分析-850 m东皮带大巷围岩变形及破坏特征的基础上,给出并分析了软岩巷道变形破坏的主要影响因素,对于高应力泥化软岩巷道,控制其围岩有害变形的关键是确定合理的断面形状及尺寸,改变支护理念,通过支护手段改变浅部围岩结构,选择有效的支护方式及参数,减少施工因素对巷道变形的影响。

(3)马蹄形和直墙半圆拱形断面巷道其围岩塑性区分布规律及范围基本一样。马蹄形和直墙半圆拱形断面巷道随侧压系数λ的变化,其围岩塑性区呈现一定规律的变化,侧压系数λ增大,巷道顶底板塑性区范围扩大,塑性区扩展形状发生变化。当侧压系数λ=0.5时,巷道围岩塑性区呈马鞍形分布,关于巷道中心垂线对称,巷道顶板中间部位塑性区范围小,两肩角部位及巷道顶板在跨度1/4,3/4处塑性区范围大;当侧压系数λ=1.0时,巷道围岩塑性区呈近似椭圆形分布,关于巷道中心垂线对称;当侧压系数λ=1.5时,巷道围岩塑性区呈瘦高形分布,关于巷道中心垂线对称;当侧压系数λ=2.0时,巷道围岩塑性区呈倒梯形分布,关于巷道中心垂线对称。

(4)马蹄形与直墙半圆拱形断面巷道顶板下沉量、两帮移近量和底鼓量随侧压系数的增大而增加,当侧压系数λ超过1.0时,巷道变形量较大;同一侧压系数条件下,两种断面巷道顶板下沉量和两帮移近量基本一样,但两种断面巷道底鼓量相差较大,直墙半圆拱形断面巷道底鼓量比马蹄形断面巷道底鼓量大。从控制巷道底鼓角度来说,马蹄形断面巷道要优于直墙半圆拱形断面巷道。

(5)马蹄形和直墙半圆拱形断面巷道围岩最大剪应力峰值随侧压系数的增加而先减小后增大。当侧压系数λ=1.0时,其围岩最大剪应力峰值最小;当侧压系数λ大于1.0时,其围岩最大剪应力峰值变化较大,增加幅度较大。同一侧压作用下,两种断面巷道围岩最大剪应力峰值基本一样。马蹄形断面巷道底板为反底拱形状,由于其巷道帮部与底板连接处未圆滑过渡,应力出现小范围不均匀分布,但马蹄形巷道周边围岩应力较直墙半圆拱形巷道有很大的改善,其巷道围岩周边最大剪应力分布均匀度较高。

（6）直墙半圆拱形断面巷道围岩最大主应力峰值随侧压系数 λ 的增加而先减小后增大。当侧压系数 $\lambda=1$ 时,围岩最大主应力峰值最小;当侧压系数 $\lambda=2$ 时,围岩最大主应力峰值最大。马蹄形断面巷道围岩最大主应力峰值为负值,表示巷道稳定性好,且侧压系数 λ 越大围岩最大主应力峰值的绝对值越大,说明巷道越稳定。

3 软岩巷道围岩蠕变模型及流变规律研究

软岩巷道的围岩强度较低、结构完整性差,在围岩压力的作用下,其变形表现出明显的流变特性,围岩的破坏具有显著的时间和空间效应。特别是高应力泥化软岩巷道尤为明显,其在巷道开挖初期变形量大,变形速度快,并表现出明显的长期流变特性。围岩流变是一个非常复杂的问题,现有的基本模型无法对其实际情况进行描述,因此,在巷道支护设计及围岩状态分析过程中,需要通过围岩的力学性能测定并建立相应的力学模型开展研究工作。本章中,作者通过现场取样进行泥质粉砂岩三轴压缩蠕变试验,根据试验现象,结合基本的流变理论,建立软岩巷道围岩全过程黏弹塑性蠕变模型;根据试验数据,利用最小二乘法对模型中的各参数进行非线性回归分析得到模型参数值;将得到的模型参数值绘制成曲线与试验数据绘制的曲线比较,验证模型参数值的合理性。下面以某矿−850 m 东皮带大巷围岩条件为基础,根据软岩巷道围岩全过程蠕变模型,采用 FLAC³ᴰ软件分析不同支护阻力作用下软岩巷道围岩流变规律,为软岩巷道支护理论与技术研究提供参考。

3.1 软岩基本流变理论

3.1.1 岩石流变特性及基本概念

流变特性是高应力软岩的基本性质,是指随着时间的变化,力和变形都发生缓慢变化的现象。流变现象广泛存在于矿井软岩巷道、硐室中。软岩流变主要存在以下五种流变现象。

(1)岩石蠕变:在应力不变的条件下,岩石总应变随时间推移而逐渐增长的现象。

(2)应力松弛:保持应变量恒定,岩石内部应力随时间推移而逐渐减小的现象。

(3)弹性后效:岩石加载(或卸载)后经过一段时间,岩石的应变才增加(或减小)到一定数值的现象。

（4）长期强度：在长期载荷作用下，岩石强度随着时间推移而逐渐减小的特性。

（5）黏性流动：蠕变一段时间后卸载，部分应变永不恢复的现象。

在软岩流变的五种流变现象中，岩石蠕变是软岩中最常见的流变现象，也是在理论中经常分析的岩石流变问题。图 3-1 表示岩石试样在恒定应力水平 σ 条件下的蠕变试验曲线。

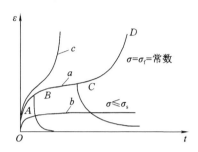

图 3-1　典型岩石蠕变试验曲线

从图 3-1 中可以看到，试样在外载荷的作用下，首先，经历了一定的瞬时弹性变形阶段，即 OA 段，随后进入 AB 段的蠕变阶段，在理论上 AB 段称为过渡蠕变或者减速蠕变阶段；其次，岩石变形进入 BC 段，这一阶段岩石的变形特征比较明显，整体变形速率呈现出某一稳定状态，称为等速蠕变阶段；最后，岩石变形进入 CD 段，这一阶段岩石在 σ 应力条件下变形加速，直到岩石破裂，称为加速蠕变阶段。在三个阶段中，在 OB 段应力卸载，在 OA 段产生的变形将迅速恢复，在 AB 段的变形也将随着时间缓慢恢复到原来的状态；如果时间到达 AB 段之后再进行卸载，试样的一部分变形将会恢复，而有一部分变形是不可恢复的，将这一部分不可恢复的变形称为岩石的黏塑性变形。但是，由于软岩中黏塑性变形非常复杂，在理论分析过程中考虑较少。

对上述整个岩石流变过程进行分析，用力学公式可以描述为：

$$\varepsilon = \varepsilon_0 + \varepsilon(t) \tag{3-1}$$

岩石整体蠕变随时间的变化曲线如图 3-2 所示。

在应力水平一定的条件下，围岩发生蠕变变形的三个阶段：Ⅰ阶段（AB 段）表示减速蠕变阶段；Ⅱ阶段（BC 段）表示等速蠕变阶段；Ⅲ阶段（CD 段）为加速蠕变阶段。通过数学理论表示各个阶段为：

Ⅰ阶段——减速蠕变阶段。应变速率由大逐渐减小，曲线呈上凸形式，即：

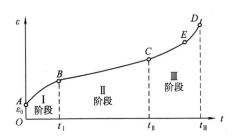

图 3-2 蠕变随时间变化曲线

$$\frac{d\dot{\epsilon}}{dt}<0,\frac{d\epsilon}{dt}>0$$

Ⅱ阶段——等速蠕变阶段。应变速率近似为常数或为 0,曲线为直线形式,即:

$$\frac{d\dot{\epsilon}}{dt}=0,\frac{d\epsilon}{dt}=\text{const}(常数)$$

Ⅲ阶段——加速蠕变阶段。应变速率逐渐增加,曲线为下凹形式,即:

$$\frac{d\dot{\epsilon}}{dt}>0,\frac{d\epsilon}{dt}>0$$

实验室试验证明,不同应力条件下,材料的蠕变形式表现也不同。在低应力水平下,材料往往发生的是减速蠕变,其变形速度随着时间的变化将不断减小并最终趋于稳定,在这种情况下岩石是不会发生破坏的,在工程中所分析的是黏弹性变形问题。值得注意的是,任何一个蠕变阶段,其蠕变特征及蠕变类型不是单一的变形问题,它依赖于岩石的类型与所承受的应力条件。

当应力水平非常大时,等速蠕变阶段持续的时间非常短,加速蠕变阶段将很快发生。当载荷更大时,减速蠕变和等速蠕变几乎不会发生,在加载的瞬间就达到了加速蠕变阶段。只有在中等载荷水平条件下,三个阶段才能表现得非常明确。在中等载荷水平下,岩石整体蠕变问题理论表示为:

$$\epsilon=\epsilon_0+\epsilon_{\text{Ⅰ}}\Big|_0^{t_{\text{Ⅰ}}}+\epsilon_{\text{Ⅱ}}\Big|_{t_{\text{Ⅰ}}}^{t_{\text{Ⅱ}}}+\epsilon_{\text{Ⅲ}}\Big|_{t_{\text{Ⅱ}}}^{t_{\text{Ⅲ}}} \tag{3-2}$$

式中,$t_{\text{Ⅰ}}$ 表示开始出现等速蠕变的时刻,$t_{\text{Ⅱ}}$ 表示开始出现加速蠕变的时刻,$t_{\text{Ⅲ}}$ 表示岩石破坏的时刻。需要指出,$t_{\text{Ⅰ}}$,$t_{\text{Ⅱ}}$,$t_{\text{Ⅲ}}$ 并不是固定的,而是由岩石的性质和载荷水平决定的。由此可以将整体蠕变问题表示为:

$$\epsilon=\epsilon_0+\epsilon_{\text{Ⅰ}}+\epsilon_{\text{Ⅱ}}+\epsilon_{\text{Ⅲ}} \tag{3-3}$$

蠕变过程的分解曲线如图 3-3 所示。在工程实际中,围岩外部的应力环境基本是稳定的,因此围岩的流变问题主要是由围岩自身的性质确定的。

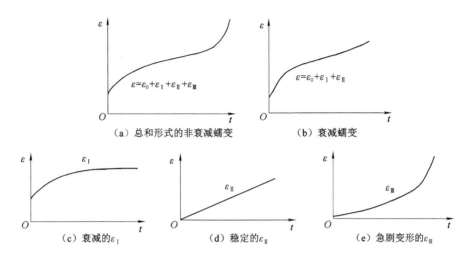

$$\varepsilon = \varepsilon_0 + \varepsilon_{\mathrm{I}} + \varepsilon_{\mathrm{II}} + \varepsilon_{\mathrm{III}}$$

（a）总和形式的非衰减蠕变

$$\varepsilon = \varepsilon_0 + \varepsilon_{\mathrm{I}} + \varepsilon_{\mathrm{II}}$$

（b）衰减蠕变

（c）衰减的 ε_{I} ⠀⠀ （d）稳定的 $\varepsilon_{\mathrm{II}}$ ⠀⠀ （e）急剧变形的 $\varepsilon_{\mathrm{III}}$

图 3-3　蠕变过程的分解曲线

3.1.2　岩石流变模型

研究岩石流变的基本性质及其力学行为,最重要的是要建立合理的岩石材料本构模型。本构模型的建立主要是通过蠕变试验结果,结合基本流变模型的组合构建而成的。在流变的描述方法中,现在应用较多的主要有两种方法:一是利用唯象流变力学模型的方法;二是采用岩体强度随时间衰减的方法。

3.1.2.1　岩石流变基本理论模型

在当前岩石流变问题的研究过程中,研究人员为了更加方便地描述复杂的岩石流变行为,使用一系列理想单元体分别进行描述。通过胡克体(Hooke 体)表示弹性元件,牛顿体(Newton 体)表示黏性元件,圣维南体(St. Venant 体)表示塑性元件。并且通过各种元件的基本组合定义一系列基本岩石流变模型,用来描述简单的岩石流变力学行为。常用的几种岩石流变基本力学理论模型如表 3-1 所列。

表 3-1　常用的几种岩石流变基本力学理论模型

名称	图示	流变方程	特性	适用条件
马克斯威尔体（Maxwell 体，简称 M 体）	E_{H}　η	$\dot{\varepsilon} = \dfrac{\dot{\sigma}}{E_{\mathrm{H}}} + \dfrac{\sigma}{\eta}$	有弹性、有蠕变,但不稳定、有松弛	深部岩层

表 3-1(续)

名称	图示	流变方程	特性	适用条件
开尔文体 (Kelvin 体, 简称 K 体)		$\sigma = E_K \varepsilon + \eta \dot{\varepsilon}$	无弹性、有蠕变,且稳定、无松弛	很少单独使用
广义开尔文体 (广义 Kelvin 体, 简称 H-K 体)		$\dfrac{\eta}{E_H+E_K}\dot{\sigma}+\sigma=$ $\dfrac{E_K\eta}{E_H+E_K}\dot{\varepsilon}+\dfrac{E_KE_H}{E_H+E_K}\varepsilon$	有弹性、有蠕变,且稳定、有松弛	中等坚固岩石
鲍埃丁-汤姆逊体 (H-M 体)		$\dfrac{\eta}{E_M}\dot{\sigma}+\sigma=\dfrac{E_H+E_M}{E_M}\dot{\eta}\varepsilon$ $+E_H\varepsilon$	有弹性、有蠕变,且稳定、有松弛	中等坚固岩石
柏格斯体 (Burgers 体, 简称 M-K 体)		$\sigma+\left(\dfrac{\eta_K}{G_K}+\dfrac{\eta_M}{G_M}+\dfrac{\eta_M}{G_K}\right)\dot{\sigma}+$ $\dfrac{\eta_M\eta_K}{G_MG_K}\ddot{\sigma}=\eta_M\dot{\varepsilon}+\dfrac{\eta_M\eta_K}{G_K}\ddot{\varepsilon}$	有弹性、有蠕变、有松弛、有弹性后效及黏性流动	软岩

注:在各个模型中,E_H 表示 Hooke 体中弹性元件的弹性模量;E_K 表示 Kelvin 体中弹性元件的弹性模量;E_M 表示 Maxwell 体中弹性元件的弹性模量;η_K,η_M 分别为 Kelvin 体和 Maxwell 体中黏性元件的黏性系数。

表 3-1 中所描述的几种模型都是黏弹性流变模型,而当岩石进入黏塑性甚至黏性破裂状态时,需要进行 St. Venant 体的联合,采用理论分析方法研究进入黏塑性或者黏性破裂状态下的岩石流变问题比较困难。所以,要全面、系统地描述岩石流变问题,需要通过实验室进行试验,根据试验中岩石表现出来的试验现象建立岩石流变力学模型,通过参数的拟合确定岩石流变方程。实验室确定岩石流变力学模型是一种唯象流变力学模型的建立过程。

3.1.2.2 岩石经验流变力学模型

根据经验对岩石流变问题进行概括性描述,这种方法可以在一定程度上描述岩石流变过程中各个阶段的流变行为,但并不全面。对于减速蠕变和等速蠕变过程通过经验就可以建立模型,但是对于岩石的加速蠕变过程却不能给出很好的解释。因此,在应力水平不是很高的情况下,采用经验手段完全可以描述岩石流变问题。实验室确定岩石的流变力学模型很大程度上依赖于经验手段。当前所采用的流变经验公式主要有三种。

(1) 幂函数型:其表达式为 $\varepsilon(t)=At^n$,式中 A 和 n 都是试验常数,n 的取值

范围为 0.3~0.5。该公式多用来反映减速蠕变阶段的性质。

（2）对数型：其表达式为 $\varepsilon(t)=\varepsilon_0+B\lg t+Dt$，式中 B,D 为试验常数。该公式常反映加速蠕变阶段的性质。

（3）指数型：其表达式为 $\varepsilon(t)=A\{1-\exp[f(t)]\}$，式中 A 为试验常数，$f(t)$ 为指数衰减的可恢复应变时间 t 的函数。该公式多用来描述等速蠕变阶段的性质。

3.1.2.3 强度衰减方法确定的流变模型

强度衰减方法是确定岩石流变模型非常重要的研究手段，主要是通过岩石流变过程中参数变化现象确定流变模型的。在实际的矿山工程中，岩石力学状态的变化主要是通过岩石强度和岩石的弹性模量来表现的，具体表现为岩体的强度和弹性模量是时间的函数。岩体的强度和弹性模量随着时间的延长而降低，这种现象称为岩石的强度衰减。岩石参数变化是由岩石内部损伤造成的，因此，通过改变岩石的强度和弹性模量确定流变模型，在一定程度上可以描述岩石的流变行为：

$$\begin{cases} \sigma_c(t)=\dfrac{S_c}{E_0\left[P+Q\exp(-Rt)\right]} \\[3mm] E(t)=\dfrac{1}{P+Q\exp(-Rt)} \end{cases} \tag{3-4}$$

式中　σ_c——t 时刻的长期强度；

　　　S_c——瞬时抗压强度；

　　　E_0——瞬时弹性模量；

　　　P,Q,R——与具体岩体相关的力学参数。

3.2 泥质粉砂岩三轴压缩蠕变特性试验

3.2.1 试验目的

实验室进行岩石的流变试验是研究巷道围岩流变行为的重要手段，可以对岩石数据进行长期的分析，同时还可以随机改变试验条件，并且具有低耗资等优点。通过实验室的试验结果可以很好地揭示围岩流变行为，并且为理论分析和实际工程提供可靠的数据。

在实验室岩石流变试验中，根据加载方式不同，有岩石的单轴压缩、岩石的扭转、岩石的剪切等试验手段，而三轴压缩蠕变特性试验是最能表现真实状态下岩石力学状态的试验手段。

本试验以研究某矿—850 m东皮带大巷围岩-泥质粉砂岩三轴压缩蠕变力学特性为主要目的,对—850 m东皮带大巷围岩试样进行等围压三轴压缩蠕变试验,采用分级加载的办法,得到试样在同一围压和不同轴压作用下变形与时间的关系,为建立软岩蠕变模型以及模型参数的辨识提供真实、可靠的基础数据。

3.2.2 试样制备与试验设备

3.2.2.1 试样制备

本次试验所选择的岩样为泥质粉砂岩,取自某矿—850 m东皮带大巷。试样的制备完全按照国家标准及岩石力学试样规范,从现场未经风化、未受到大震动的岩体中钻取。试样为 $\phi 50 \times 100$ mm标准尺寸,共制备10块,如图 3-4 所示。试样两端的不平行度在0.3%以内,试样尺寸测量表如表3-2所列。为了保证试样的自然属性,防止空气及外界环境对试样的影响,在进行三轴压缩蠕变试验之前,将试样进行恒温、恒湿条件保存。

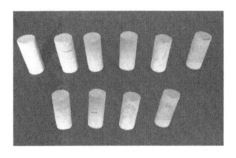

图 3-4 三轴压缩蠕变试验试样图

表 3-2 试样尺寸测量表

试样编号	试样直径/mm	试样高度/mm
1#	50.0	99.7
2#	49.8	100.0
3#	49.6	99.4
4#	50.3	99.6
5#	50.1	99.5
6#	49.9	100.4
7#	50.0	100.0
8#	50.1	100.6
9#	49.5	99.8
10#	50.3	99.9

3.2.2.2 试验设备

本次试验是在中国矿业大学深部岩土力学与地下工程国家重点实验室进行的，试验设备采用 MTS815.02 型电液伺服岩石力学试验系统，如图 3-5 所示。该系统具有加载控制精度高、试验结果自动实时采集的优点，并配备轴压、围压和孔隙水压等三套独立的闭环伺服控制系统，具有单轴压缩试验、常规三轴压缩试验、真三轴压缩试验、孔隙水压试验和水渗透试验等五项基本试验功能。试验系统能够完全满足本次试验要求。

图 3-5　MTS815.02 电液伺服岩石力学试验系统

MTS815.02 系统的主要指标如下：

① 轴压≤1 700 kN，围压≤45 MPa，孔隙水压≤45 MPa，水渗透压差≤2 MPa；

② 机架刚度为 10.5×10^9 N/m；

③ 液压源（HPS）功率为 18 kW；

④ 液压源流量为 31.8 L/min；

⑤ 数据采集频率为 5 kHz；

⑥ 输出波形为直线、正弦波、半正弦波、三角波、方波、任意规则曲线波形、随机波形；

⑦ 试样：最大直径为 100 mm，最大高度为 200 mm；

⑧ 气体渗透系统压差测量范围为 0～6 MPa；

⑨ 流量测量范围为 0～5 L/min；

⑩ 渗流介质类型为氮气、瓦斯等气体。

3.2.3 试验方法及试验步骤

3.2.3.1 试验方法选择

在岩石的实验室三轴压缩蠕变试验中,有两种载荷加载试验方法,即分别加载和分级加载,这两种方法研究的对象相同,但是在本质上有差别。分别加载是指对实验仪器、试验条件相同,但是在不同的应力条件下,分别对同种试样进行试验,从而得到不同应力水平下岩石的整个流变过程。在实际的理论解释中,岩石的蠕变问题就是通过这种方法进行分析的。但是在实际情况下并不能保证岩石性质相同,所以这种加载方法有很大的局限性。分级加载则是对同一个试样在不同的应力水平下进行分级加载,在加载到某一应力水平一段时间后再进行下一级应力水平加载,直到整个试样进入加速蠕变阶段至最后的破坏。与分别加载试验方法不同,分级加载能够保证试样的试验条件相同,但是值得注意的是,在整个加载过程中,每一级应力水平的加载都将给试样带来一定的损伤,从而使得后期得到的蠕变曲线与实际问题有所差别。因此,在试验时要根据实际情况选择合适的试验方法,以此来保证试验结果的可信性。在本次试验中,综合时间投入及成本等因素,决定采用分级加载的方法进行泥质粉砂岩三轴压缩蠕变特性试验。

3.2.3.2 分级加载方法

在实验室三轴压缩蠕变试验中,分级加载是常用的加载方法,其原理比较明确,根据线性叠加原理整理得到不同应力水平下的岩石流变曲线,即认为岩石是线性流变体。按照试样在某一围压条件下的极限载荷进行载荷分级,一般是进行等载荷分级,同时,每一级载荷的加载时间相同。当试样出现减速蠕变或者等速蠕变时,认为这一阶段的时间可以描述试样的蠕变行为。某一载荷作用下任一时刻的蠕变量是前面每级加载荷载在同一时刻的蠕变量的叠加。分级流变试验的数据处理方法如图 3-6 所示,设载荷为梯级增加,载荷增量为 $\Delta\sigma_j = \sigma_j - \sigma_{j-1}$,在 $t_1, t_2, t_3 \cdots\cdots$ 时刻上,每级载荷增量在变形过程中所作用时间 $\Delta t_j = t_j - t_{j-1}$,因此每级载荷增量在变形过程中所作用时间为 $T_j = t - t_{j-1}$,按叠加原理,变形等于载荷增量 $\Delta\sigma_j$ 作用下的变形增量总和,即:

$$\varepsilon_n = \varepsilon_1 + \sum_{i=2}^{n} \Delta\varepsilon_i$$

3.2.4 泥质粉砂岩三轴压缩蠕变特性试验步骤

在进行三轴压缩蠕变试验之前首先进行常规三轴压缩试验,测得试样常规三轴压缩条件下断裂指标值,如表 3-3 所列。

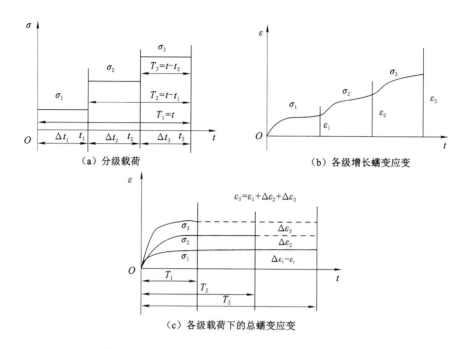

（a）分级载荷 　　　　　　　　　（b）各级增长蠕变应变

（c）各级载荷下的总蠕变应变

t_1,t_2,t_3—第 $j(j=1,2,3)$ 级载荷加载到的时刻；T_1,T_2,T_3—第 $j-1(j=1,2,3)$ 级载荷加载至试验完成的时间；$\Delta t_1,\Delta t_2,\Delta t_3$—第 $j(j=1,2,3)$ 级载荷加载所需的时间；$\sigma_1,\sigma_2,\sigma_3$—第 $j(j=1,2,3)$ 级加载载荷；$\varepsilon_1,\varepsilon_2,\varepsilon_3$—第 $j(j=1,2,3)$ 级加载后试样的总应变；$\Delta\varepsilon_1,\Delta\varepsilon_2,\Delta\varepsilon_3$—第 $j(j=1,2,3)$ 级加载产生的蠕变应变。

图 3-6　分级加载流变试验数据处理示意图

表 3-3　试样常规三轴压缩条件下断裂指标值

试样编号	围压/kPa	瞬时强度/MPa
1#	0	4.69
2#	3	5.31
3#	18	6.86
4#	20	7.23
5#	25	8.44

　　首先根据常规三轴压缩条件下岩石的断裂指标进行载荷分级，在分级时尽量保证各级之间的载荷水平差值相等；然后开始进行三轴压缩试验。

　　（1）根据试验方案进行试验程序的设定，分别设置"加载"和"保持"部分。在加载时选择轴向力加载，速度为 0.5 kN/s，保持设定响应的时间。

（2）设置仪器的保护值：根据各围压条件下压缩量的不同，应选择大量岩石极限变形量的 1.5 倍作为仪器的保护值。

（3）将要进行试验的试样放入加载系统的受压托架上，调整好试样中心，使其与加载部件的中心重合。

（4）在加载时，首先按照位移控制模式，到加载装置与试样相重合时，设置初始轴向压缩力，确保试样安装符合要求。

（5）试验开始时按照 $10^{-3} \sim 10^{-2}$ MPa/s 的加载速率对试样施加规定的围压值，当围压施加结束并且稳定时，按照同样的加载速率对试样施加轴向压缩力，开始进行三轴压缩。按照预先编制的程序，加载系统将自动完成每一级加载。在一级载荷加载完毕之后，将自动进入载荷保持阶段。当保持时间结束后，自动进入下一级载荷的加载。循环加载直到岩石破坏位置，在到达保护值的量时，程序自动停止。

整个加载过程由之前编制的计算机程序全程控制，计算机自动获取、记录设置的相关参数。

3.2.5　试验结果及数据处理

由图 3-7 与图 3-8 可以得到泥质粉砂岩试样实验室流变特性规律，主要表现在以下几个方面：

（1）在围压一定的条件下，每一级轴向压缩应力水平开始时都会产生一系列的瞬时弹性变形，弹性变形的大小随着应力水平的增加而增大，并且瞬时弹性变形量占试样整体变形量的大部分；在第三级应力水平与第二级应力水平条件下试样的蠕变变形差值都有一个明显的跳跃。

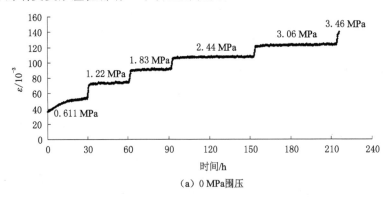

（a）0 MPa围压

图 3-7　试样在不同围压条件下蠕变历时过程曲线

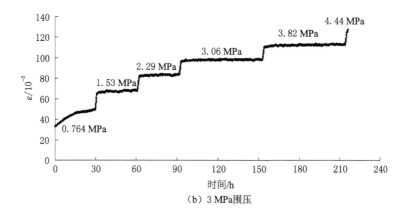

（b）3 MPa围压

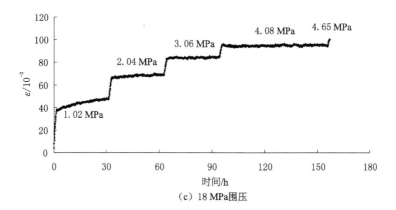

（c）18 MPa围压

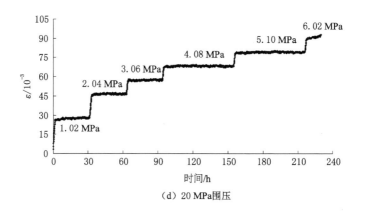

（d）20 MPa围压

图 3-7（续）

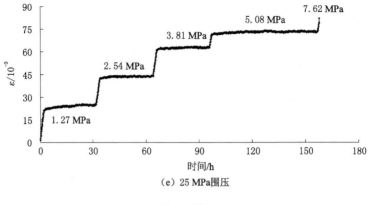

(e) 25 MPa围压

图 3-7(续)

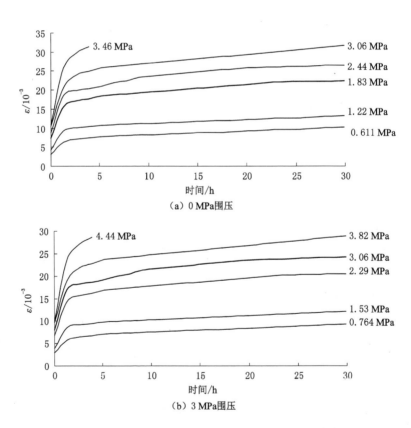

(a) 0 MPa围压

(b) 3 MPa围压

图 3-8　试样在不同围压条件下的各级载荷蠕变曲线

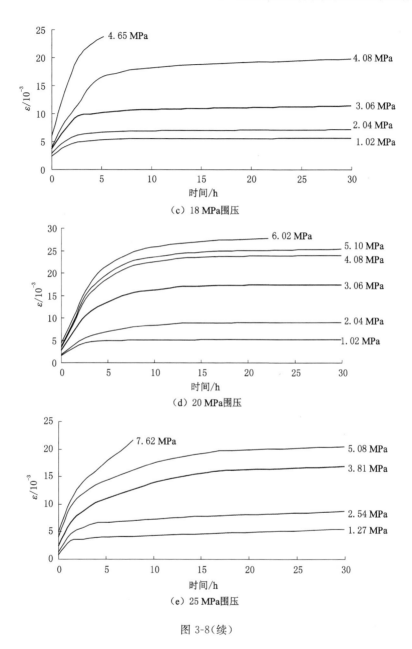

（c）18 MPa围压

（d）20 MPa围压

（e）25 MPa围压

图 3-8（续）

（2）随着围压的增大，试样最终破裂的极限载荷值增加；在任意围压应力水平下，三轴压缩蠕变试验过程中，试样破坏的极限载荷都小于常规三轴压缩条件下的断裂指标值。

（3）在任意围压条件下，当应力水平较低时，试样的蠕变特性表现得并不是特别明显，这一阶段属于泥质粉砂岩的减速蠕变阶段；当应力水平达到一定值时，试样的蠕变特性非常明显，在这一阶段中，等速蠕变是试样流变行为的主要形式；而当应力水平较高时，蠕变行为并不明显，围岩变形迅速增加，岩石的蠕变行为直接从等速蠕变阶段进入加速蠕变阶段，并且试样的破坏非常迅速。

（4）由图 3-7 和图 3-8 可知，在不同围压条件下，除了改变试样的极限破裂强度外，对于泥质粉砂岩的流变行为并没有明显的改变。

3.3 泥质粉砂岩流变模型建立及参数辨识

实验室试验最重要的目的是建立能够真实描述岩石构成流变行为的力学模型。岩石流变问题是一个非常复杂的问题，通过理论手段建立力学模型对岩石的流变状态进行分析是非常困难的，因此建立一种尽可能接近岩石流变行为的本构关系是非常必要的。岩石力学本构关系可以辅助实际工程进行围岩应力变形状态的分析，以此解决巷道支护问题。

泥质粉砂岩三轴蠕变试验反映了泥质粉砂岩的力学流变行为，这种流变行为就是其内部微观力学本构关系的宏观反映。因此，结合本次试验的试验现象及试验结果建立一种泥质粉砂岩的力学模型具有重要的现实意义。

3.3.1 泥质粉砂岩流变模型

根据试验结果，在低应力水平条件下，即轴向应力水平远小于泥质粉砂岩的极限应力水平时，泥质粉砂岩的流变状态主要包括减速蠕变和等速蠕变两个状态；在应力水平较高的条件下，即轴向应力水平接近、等于甚至大于泥质粉砂岩的极限应力水平时，泥质粉砂岩的流变状态主要包括等速蠕变和加速蠕变两个状态，甚至只有加速蠕变状态。加速蠕变状态对于同一种岩石并不相同，其情况非常复杂，与其围压状态有很大关系。在每一级围压条件下，较低轴向应力水平的岩石都会表现出明显的减速蠕变和等速蠕变状态，整个蠕变形式是由这两个蠕变状态叠加而成的；但是，当轴向应力水平接近极限应力水平时，试样变形状态非常复杂，当轴向应力水平达到或者超过试样的极限应力水平时，试样的变形速率非常高，泥质粉砂岩蠕变行为进入加速蠕变状态，试样破坏。由试验结果可以看出，每一级减速蠕变和加速蠕变过程都非常迅速，等速蠕变是整个泥质粉砂岩蠕变行为的主要特征。总体而言，在试验过程中，泥质粉砂岩流变状态包括减速蠕变状态、等速蠕变状态以及加速蠕变状态。

由蠕变试验结果可知，泥质粉砂岩在变形过程中包括瞬时的弹性变形、减速蠕变过程、等速蠕变过程以及加速蠕变过程,因此根据各个基本流变力学元件的特性提出了一种符合泥质粉砂岩流变行为的黏弹塑性蠕变力学模型,如图 3-9 所示。

整个泥质粉砂岩黏弹塑性蠕变力学模型由两个部分组成。第一个部分是伯格斯(Burgers)黏弹性模型,它是一种较为复杂的流变模型,由 Kelvin 弹性模型与 Maxwell 黏弹性模型串联得到,能够描述岩石的瞬时弹性变形、过渡蠕变、等速蠕变等泥质粉砂岩的蠕变力学行为;第二个部分是黏塑性模型,主要表现的是在高应力水平条件下泥质粉砂岩的加速蠕变状态。

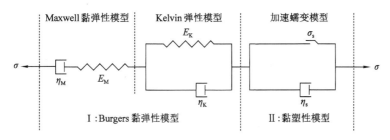

图 3-9　泥质粉砂岩黏弹塑性蠕变力学模型

3.3.2　泥质粉砂岩黏弹塑性蠕变力学本构方程

泥质粉砂岩黏弹塑性蠕变力学本构方程主要由力学模型及力学试验现象综合分析得到的,在试验过程中,泥质粉砂岩变形状态表现出以下特征:

（1）当轴向应力水平较低时,试样首先进入快速变形状态,此时的变形主要以瞬时弹性变形为主,随后变形的速度减小;当时间趋于无穷大时,其围岩变形趋于某一极限值,此时围岩变形主要以减速蠕变和等速蠕变为主。

（2）当轴向应力水平较高,或者大于试样的极限承载力时,试样的变形速度将迅速增大,不会产生收敛行为,直到试样被破坏。

其中,在泥质粉砂岩变形状态的第二个过程中,所施加的轴向应力水平必须跨越某一极限应力水平,在理论中将其称为后继屈服应力,用 σ_s 表示。因此可以将整个泥质粉砂岩变形过程分解为两个部分:当 $\sigma < \sigma_s$ 时,泥质粉砂岩变形主要包括减速蠕变和等速蠕变,其力学行为可以用第 I 部分的 Burgers 黏弹性模型表示;当 $\sigma \geq \sigma_s$ 时,泥质粉砂岩则要经历减速蠕变、等速蠕变以及加速蠕变三个过程,其力学行为需要用 I、II 部分模型串联组成。根据整个过程分析,通过理论推导得到泥质粉砂岩黏弹塑性蠕变力学模型的本构方程。

① 当 $\sigma < \sigma_s$ 时,模型为 Burgers 黏弹性模型。

Burgers 黏弹性模型主要由 Maxwell 黏弹性模型与 Kelvin 弹性模型串联得

到,模型总应变等于两模型应变之和。根据模型元件的力学特性可以得出:

Maxwell 黏弹性模型本构关系为:

$$\varepsilon = \frac{\sigma}{E_M} + \frac{\sigma}{\eta_M} t \qquad (3-5)$$

Kelvin 弹性模型本构关系为:

$$\varepsilon = \frac{\sigma}{E_K}(1 - e^{-\frac{E_K}{\eta_K} t}) \qquad (3-6)$$

从而得出 $\sigma < \sigma_s$ 条件下,Burgers 黏弹性模型的本构关系为:

$$\varepsilon = \frac{\sigma}{E_M} + \frac{\sigma}{\eta_M} t + \frac{\sigma}{E_K}(1 - e^{-\frac{E_K}{\eta_K} t}) \qquad (3-7)$$

② 当 $\sigma \geqslant \sigma_s$ 时,模型由第 I 部分的 Burgers 黏弹性模型和第 II 部分的黏塑性模型组成。同样,模型的总应变可以认为是两部分模型的应变之和。

第 I 部分 Burgers 黏弹性模型本构关系如式(3-7)所列,第 II 部分的黏塑性模型本构关系为:

$$\sigma - \sigma_s = \frac{\varepsilon \eta_s}{t} \qquad (3-8)$$

即:

$$\varepsilon = \frac{\sigma - \sigma_s}{\eta_s} t \qquad (3-9)$$

那么,当 $\sigma \geqslant \sigma_s$ 时,模型的本构关系为:

$$\varepsilon = \frac{\sigma}{E_M} + \frac{\sigma}{\eta_M} t + \frac{\sigma}{E_K}(1 - e^{-\frac{E_K}{\eta_K} t}) + \frac{\sigma - \sigma_s}{\eta_s} t \qquad (3-10)$$

其中,η_s 为加速蠕变模型的黏性系数。

泥质粉砂岩黏弹塑性蠕变力学模型蠕变方程为:

$$\varepsilon(t) = \begin{cases} \dfrac{\sigma}{E_M} + \dfrac{\sigma}{\eta_M} t + \dfrac{\sigma}{E_K}(1 - e^{-\frac{E_K}{\eta_K} t}), & \sigma < \sigma_s \\[3mm] \dfrac{\sigma}{E_M} + \dfrac{\sigma}{\eta_M} t + \dfrac{\sigma}{E_K}(1 - e^{-\frac{E_K}{\eta_K} t}) + \dfrac{\sigma - \sigma_s}{\eta_s} t, & \sigma \geqslant \sigma_s \end{cases} \qquad (3-11)$$

3.3.3　泥质粉砂岩流变模型参数辨识

泥质粉砂岩流变模型及其方程建立后,需要通过一定的方法对参数进行确定,在流变模型问题的求解中,将其称为模型参数的辨识。当 $\sigma \geqslant \sigma_s$ 时,泥质粉砂岩将进入破裂状态,这一状态主要通过岩石黏聚力与内摩擦角的变化来表示,在模型的参数辨识中是不予考虑的。因此,在参数辨识过程中只需要对 Burgers 黏弹性模型中的 4 个参数进行辨识,分别是弹性模量 E_M,E_K 和黏性系数 η_M,η_K。单纯利用试验结果进行曲线拟合得到参数的具体值具有非常明显的漏洞,得到的参数无法用于整个泥质粉砂岩流变问题的普遍分析。因此,将利用最小二乘法对模型中的各参数进行非线性回归分析求得参数的具体值。

$$\varepsilon = f(t, E_{\mathrm{M}}, E_{\mathrm{K}}, \eta_{\mathrm{M}}, \eta_{\mathrm{K}}) \tag{3-12}$$

设 b_1, b_2, b_3, b_4 分别为参数 $E_{\mathrm{M}}, E_{\mathrm{K}}, \eta_{\mathrm{M}}, \eta_{\mathrm{K}}$ 的近似值,并令:

$$\begin{cases} E_{\mathrm{M}} - b_1 = \delta_1 \\ E_{\mathrm{K}} - b_2 = \delta_2 \\ \eta_{\mathrm{M}} - b_3 = \delta_3 \\ \eta_{\mathrm{K}} - b_4 = \delta_4 \end{cases} \tag{3-13}$$

将式(3-13)展开为泰勒级数形式,只取线性项,则有:

$$\varepsilon = f(t, b_1, b_2, b_3, b_4) + \sum_{j=1}^{4} f'_{\mathrm{B}j}(t, b_1, b_2, b_3, b_4)\delta_j \tag{3-14}$$

那么根据线性回归问题的一般解法可得:

$$\begin{cases} f'_{\mathrm{B}1} = \dfrac{\partial f}{\partial E_{\mathrm{M}}} = -\dfrac{\sigma}{E_{\mathrm{M}}^2} \\[2mm] f'_{\mathrm{B}2} = \dfrac{\partial f}{\partial E_{\mathrm{K}}} = \dfrac{\sigma}{E_{\mathrm{K}}^2}\Big[1 - \Big(1 + \dfrac{E_{\mathrm{K}}}{\eta_{\mathrm{K}}}t\Big)\mathrm{e}^{-\frac{E_{\mathrm{K}}}{\eta_{\mathrm{K}}}t}\Big] \\[2mm] f'_{\mathrm{B}3} = \dfrac{\partial f}{\partial \eta_{\mathrm{M}}} = -\dfrac{\sigma}{\eta_{\mathrm{M}}^2}t \\[2mm] f'_{\mathrm{B}4} = \dfrac{\partial f}{\partial \eta_{\mathrm{K}}} = \dfrac{\sigma t}{\eta_{\mathrm{K}}^2}\mathrm{e}^{-\frac{E_{\mathrm{K}}}{\eta_{\mathrm{K}}}t} \end{cases} \tag{3-15}$$

由此得到最小二乘拟合问题的目标函数为:

$$Q = \sum \big[\varepsilon_j - f(t_j, E_{\mathrm{M}}, E_{\mathrm{K}}, \eta_{\mathrm{M}}, \eta_{\mathrm{K}})\big]^2 - \sum f_{\mathrm{B}j}(t, E_{\mathrm{M}}, E_{\mathrm{K}}, \eta_{\mathrm{M}}, \eta_{\mathrm{K}})\delta_j \tag{3-16}$$

令:

$$\frac{\partial Q}{\partial \delta_k} = 0, \quad k = 1, 2, 3, 4 \tag{3-17}$$

那么:

$$\sum_{j=1}^{4} a_{kj}\delta_j = C_k, \quad k = 1, 2, 3, 4 \tag{3-18}$$

其中:

$$\begin{cases} a_{kj} = \sum f'_{\mathrm{B}k}(t_j, b_1, b_2, b_3, b_4) \cdot f'_{\mathrm{B}j}(t_j, b_1, b_2, b_3, b_4), & k, j = 1, 2, 3, 4 \\ C_k = \sum \big[\varepsilon_j - f(t_j, b_1, b_2, b_3, b_4)\big] \cdot f'_{\mathrm{B}k}(t_j, b_1, b_2, b_3, b_4), & k = 1, 2, 3, 4 \end{cases}$$

$$\tag{3-19}$$

线性回归最终就是要求解式(3-19)得到回归系数 δ_j,具体步骤如下:

(1) 首先选取系数的初值 b_1, b_2, b_3, b_4,原则上系数选取是任意的;

（2）计算得到 a_{kj}，C_k；

（3）将 a_{kj}，C_k 代入式（3-19）得到 δ_1，δ_2，δ_3，δ_4；

（4）取 $b_1+\delta_1$，$b_2+\delta_2$，$b_3+\delta_3$，$b_4+\delta_4$ 作为回归系数的近似值；

（5）将 $b_1+\delta_1$，$b_2+\delta_2$，$b_3+\delta_3$，$b_4+\delta_4$ 作为回归系数的初始值，重复上述步骤，直到 δ_1，δ_2，δ_3，δ_4 足够小为止；

（6）模型参数 E_M，E_K，η_M，η_K 取为迭代最终所得回归系数 b_1，b_2，b_3，b_4。

对于一种确定的岩石类型，其参数是岩石的固有特性，与围压等并没有多大关系。例如泥质粉砂岩，它的 E_M，E_K，η_M，η_K 等参数都是固有参数，之所以需要通过试验与线性回归方法确定各个参数，是因为在实际情况中岩石的流变情况无法直接得到。在本次试验中，根据不同围压条件下的测量情况，参数主要由巷道围岩所处的力学环境决定，并且在泥质粉砂岩三轴压缩蠕变试验中，试样的流变行为受围压影响并不明显，因此，泥质粉砂岩最终流变参数可以由各级载荷下流变参数的统计平均值来确定。不同围压条件下巷道围岩流变参数的迭代结果如表 3-4～表 3-8 所列。

将表 3-4～表 3-8 中各围压条件下的流变参数进行平均，可得到泥质粉砂岩 Burgers 黏弹性模型中的各流变参数：

表 3-4　围压为 0 MPa 条件下巷道围岩流变参数

流变参数	σ_1/MPa						均值
	0.611	1.22	1.83	2.44	3.06	3.46	
E_M/GPa	1.28	1.44	1.03	1.21	1.52	1.01	1.25
E_K/GPa	1.02	0.85	0.84	1.11	0.92	1.01	0.96
η_M/(GPa·h)	11.44	10.96	9.41	9.66	10.11	11.48	10.51
η_K/(GPa·h)	0.73	0.61	1.02	1.21	1.23	0.84	0.94

表 3-5　围压为 3 MPa 条件下巷道围岩流变参数

流变参数	σ_1/MPa						均值
	0.764	1.53	2.29	3.06	3.82	4.44	
E_M/GPa	1.52	1.23	0.94	1.11	0.96	1.15	1.14
E_K/GPa	1.01	1.22	0.76	1.11	0.63	0.94	0.95
η_M/(GPa·h)	10.69	11.58	8.76	10.46	11.33	9.65	10.45
η_K/(GPa·h)	0.99	0.84	1.02	1.11	0.65	0.81	0.90

表 3-6   围压为 18 MPa 条件下巷道围岩流变参数

流变参数	σ_1/MPa					均值
	1.02	2.04	3.06	4.08	4.65	
E_M/GPa	1.23	1.66	0.84	1.11	1.02	1.17
E_K/GPa	1.04	0.96	0.87	1.12	1.00	1.00
η_M/(GPa·h)	11.46	8.98	10.96	10.51	11.23	10.61
η_K/(GPa·h)	0.88	0.76	1.09	1.02	0.92	0.93

表 3-7   围压为 20 MPa 条件下巷道围岩流变参数

流变参数	σ_1/MPa						均值
	1.02	2.04	3.06	4.08	5.10	6.02	
E_M/GPa	1.11	1.43	1.15	0.84	1.22	0.97	1.12
E_K/GPa	0.94	1.11	0.85	0.86	0.98	1.02	0.96
η_M/(GPa·h)	11.21	10.05	10.64	9.99	12.12	10.76	10.80
η_K/(GPa·h)	0.96	0.94	0.81	1.01	1.02	0.92	0.95

表 3-8   围压为 25 MPa 条件下巷道围岩流变参数

流变参数	σ_1/MPa					均值
	1.27	2.54	3.81	5.08	7.62	
E_M/GPa	1.05	1.25	1.12	1.36	1.08	1.17
E_K/GPa	0.97	0.92	1.12	0.85	1.02	0.98
η_M/(GPa·h)	11.23	10.98	9.67	12.11	8.70	10.54
η_K/(GPa·h)	0.78	1.12	1.20	1.10	0.82	1.00

$$\begin{cases} E_M = 1.17 \text{ GPa} \\ E_K = 0.97 \text{ GPa} \\ \eta_M = 10.58 \text{ GPa·h} \\ \eta_K = 0.94 \text{ GPa·h} \end{cases} \tag{3-20}$$

为了验证各参数的准确性,任意选择各个围压条件下某级参数进行最小二乘拟合,以此分析所得参数的可靠性。作者选择了围压为 0 MPa 条件下第一级载荷水平、围压为 3 MPa 条件下第二级载荷水平、围压为 18 MPa 条件下第三级载荷水平、围压为 20 MPa 条件下第四级载荷水平、围压为 25 MPa 条件下第五级载荷水平、围压为 20 MPa 条件下第六级载荷水平进行参数的验证,如图 3-10 所示。

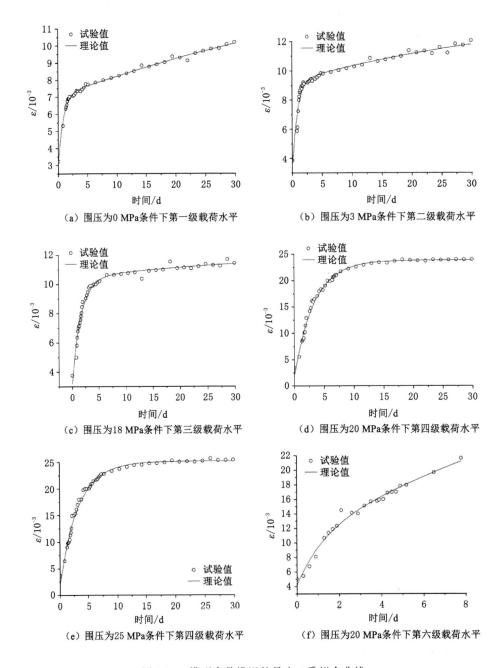

（a）围压为0 MPa条件下第一级载荷水平

（b）围压为3 MPa条件下第二级载荷水平

（c）围压为18 MPa条件下第三级载荷水平

（d）围压为20 MPa条件下第四级载荷水平

（e）围压为25 MPa条件下第四级载荷水平

（f）围压为20 MPa条件下第六级载荷水平

图 3-10 模型参数辨识的最小二乘拟合曲线

由图 3-10 所示的各个水平下的理论值与试验值对比可以看出,二者吻合较好,通过最小二乘法原理得到的参数作为后期理论计算分析的基础具有很强的可靠性。

3.4 不同支护强度围岩流变规律

3.4.1 巷道围岩流变计算模型及模拟方案

3.4.1.1 计算模型

根据某矿－850 m 东皮带大巷(断面形状为马蹄形)工程地质条件,利用 FLAC³ᴰ软件作为计算平台,建立如图 3-11 所示的三维数值计算力学模型。模型尺寸为 50 m×50 m×54 m,模型四周约束水平方向位移,底部约束垂直方向位移,采用 Burgers 黏弹性模型进行计算,各个岩层的流变参数可由蠕变试验得出。综合考虑计算精度与计算时间的要求,对巷道围岩进行网格细化,模型共划分了 71 500 个网格。

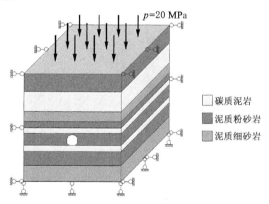

图 3-11 三维数值计算力学模型

3.4.1.2 模拟方案及目标

考虑－850 m 东皮带大巷围岩工程地质条件,设置如下几种数值计算方案与目标:

(1)－850 m 东皮带大巷在不同支护强度(0 MPa、0.1 MPa、0.2 MPa、0.3 MPa、0.4 MPa、0.5 MPa、0.6 MPa、0.8 MPa、1.0 MPa、1.5 MPa、2.0 MPa、3.0 MPa)的作用下,模拟分析不同支护强度巷道围岩塑性区范围随时间的变化规律。根据模拟结果分析得到:相同变形时间、不同支护强度对巷道围岩塑性区范围的影响规律;相同支护强度条件下巷道围岩塑性区范围随时间的变化规律。

(2) 东皮带大巷在不同支护强度(0 MPa、0.1 MPa、0.2 MPa、0.3 MPa、0.4 MPa、0.5 MPa、0.6 MPa、0.8 MPa、1.0 MPa、1.5 MPa、2.0 MPa、3.0 MPa)的作用下,模拟分析不同支护强度巷道围岩变形随时间的变化规律。根据模拟结果分析得到:相同变形时间、不同支护强度对巷道围岩变形的影响规律;相同支护强度条件下巷道围岩变形随时间的变化规律。

3.4.2 不同支护强度围岩塑性区分布规律

由于巷道断面为马蹄形断面,侧压系数 $\lambda = 1.5$,以及围岩工程地质条件的影响,巷道顶板、底板以及帮部围岩塑性区半径差别较大,因此对巷道顶板、底板、帮部塑性区发育规律分别进行分析。图 3-12 为不同支护强度巷道围岩塑性区分布云图,图 3-13 为支护强度与巷道围岩塑性区半径关系曲线,表 3-9 为200 d时不同支护强度的塑性区半径。由图 3-12、图 3-13 和表 3-9 可知:

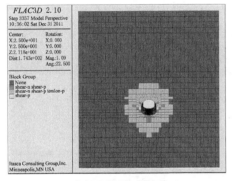
(a) p=0 MPa(200 d)

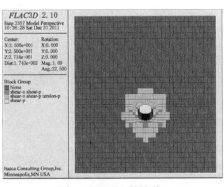
(b) p=0.1 MPa(200 d)

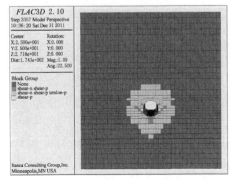
(c) p=0.2 MPa(200 d)

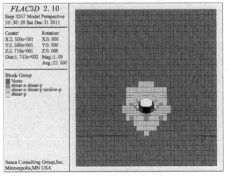
(d) p=0.3 MPa(200 d)

图 3-12　不同支护强度巷道围岩塑性区分布云图

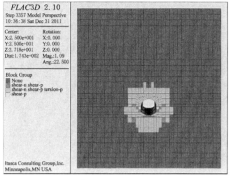

（e）$p=0.4$ MPa（200 d）   （f）$p=0.5$ MPa（200 d）

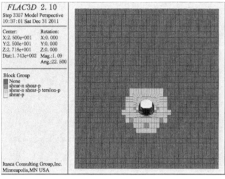

（g）$p=0.6$ MPa（200 d）   （h）$p=0.8$ MPa（200 d）

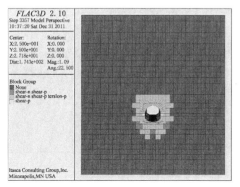

（i）$p=1.0$ MPa（200 d）   （j）$p=1.5$ MPa（200 d）

图 3-12(续)

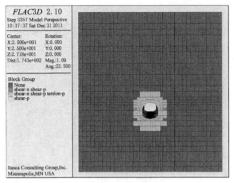 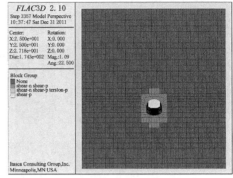

（k）p=2.0 MPa（200 d）　　　　　　（l）p=3.0 MPa（200 d）

图 3-12（续）

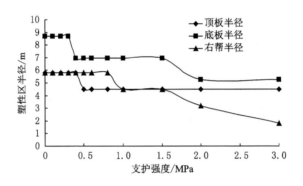

图 3-13　支护强度与巷道围岩塑性区半径关系曲线

表 3-9　200 d 时不同支护强度的塑性区半径

支护强度 /MPa	0.0	0.1	0.2	0.3	0.4	0.5	0.6	0.8	1.0	1.5	2.0	3.0
顶板塑性区半径 /m	5.80	5.80	5.80	5.80	5.80	4.50	4.50	4.50	4.50	4.50	4.50	4.50
底板塑性区半径 /m	8.68	8.68	8.68	8.68	6.96	6.96	6.96	6.96	6.96	6.96	5.24	5.24
右帮塑性区半径 /m	5.80	5.80	5.80	5.80	5.80	5.80	5.80	5.80	4.50	4.50	3.20	1.80

随着支护强度增加,巷道围岩塑性区半径呈现阶梯式减小的规律,底板围岩塑性区半径最大。当支护强度大于 0.4 MPa 时,底板围岩塑性区半径基本不变;当支护强度大于 1.5 MPa 时,底板围岩塑性区发育范围继续缩小;当支护强度达到 2 MPa 时,底板围岩塑性区半径为 5.24 m,比支护强度为 1.5 MPa 时的小。

当支护强度大于 0.5 MPa 时,顶板围岩塑性区半径变化很小,支护强度对顶板围岩塑性区扩展范围影响微小。帮部围岩塑性区半径小于顶板和底板围岩塑性区半径,与顶板和底板相比,帮部围岩塑性区发育范围受支护强度影响稍大些。帮部围岩塑性区半径随支护强度增加逐渐减小,当支护强度小于 1.0 MPa 时,帮部围岩塑性区半径变化较小;当支护强度达到 1.0 MPa 以上时,帮部围岩塑性区半径减小幅度较大;当支护强度达到 1.5 MPa 以上时,帮部围岩塑性区半径减小幅度加大。

支护强度对围岩塑性区半径的影响不大,不管支护强度多大,巷道围岩都会出现塑性区,只是塑性区扩展范围不同。

3.4.3 不同变形时间巷道围岩塑性区分布规律

图 3-14 为不同变形时间巷道围岩塑性区分布云图,图 3-15 为不同支护强度顶板塑性区半径随时间的变化曲线,图 3-16 为不同支护强度底板塑性区半径随时间的变化曲线,图 3-17 为不同支护强度右帮塑性区半径随时间的变化曲线,表 3-10 为不同支护强度、不同变形时间巷道围岩塑性区半径。由图 3-14～图 3-17 及表 3-10 可知:

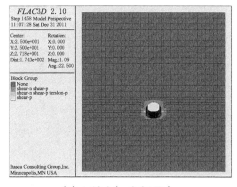
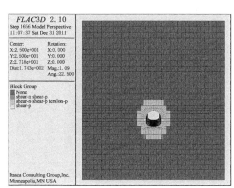

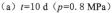

（a）t=10 d（p=0.8 MPa）　　　　　（b）t=30 d（p=0.8 MPa）

图 3-14　不同变形时间巷道围岩塑性区分布云图

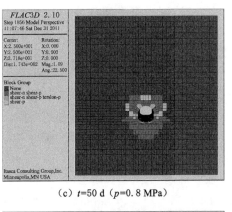
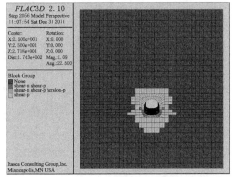

（c）$t=50$ d（$p=0.8$ MPa）　　　　　　（d）$t=70$ d（$p=0.8$ MPa）

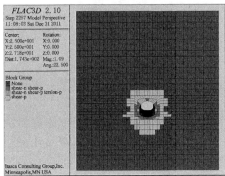

（e）$t=90$ d（$p=0.8$ MPa）　　　　　　（f）$t=110$ d（$p=0.8$ MPa）

图 3-14（续）

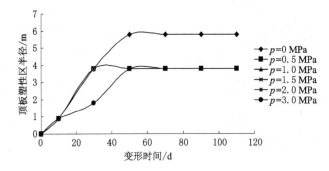

图 3-15　不同支护强度顶板塑性区半径随时间的变化曲线

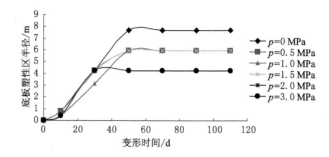

图 3-16　不同支护强度底板塑性区半径随时间的变化曲线

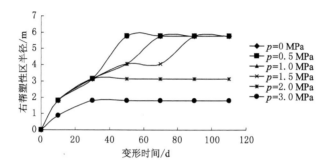

图 3-17　不同支护强度右帮塑性区半径随时间的变化曲线

表 3-10　不同支护强度、不同变形时间巷道围岩塑性区半径

类型	支护强度 /MPa	塑性区半径/m					
		$t=10$ d	$t=30$ d	$t=50$ d	$t=70$ d	$t=90$ d	$t=110$ d
顶板	0.0	0.90	3.80	5.8	5.80	5.80	5.80
	0.5	0.90	3.80	3.8	3.80	3.80	3.80
	1.0	0.90	3.80	3.8	3.80	3.80	3.80
	1.5	0.90	3.80	3.8	3.80	3.80	3.80
	2.0	0.90	3.80	3.8	3.80	3.80	3.80
	3.0	0.90	1.80	3.8	3.80	3.80	3.80
底板	0.0	0.80	4.24	7.68	7.68	7.68	7.69
	0.5	0.80	4.24	5.96	5.96	5.96	5.96
	1.0	0.40	3.13	5.96	5.96	5.96	5.96
	1.5	0.40	4.24	5.96	5.96	5.96	5.96
	2.0	0.40	4.24	4.24	4.24	4.24	4.24
	3.0	0.40	4.24	4.24	4.24	4.24	4.24

表 3-10(续)

类型	支护强度 /MPa	塑性区半径/m					
		$t=10$ d	$t=30$ d	$t=50$ d	$t=70$ d	$t=90$ d	$t=110$ d
右帮	0.0	1.80	3.13	5.79	5.79	5.79	5.79
	0.5	1.80	3.13	5.79	5.79	5.79	5.79
	1.0	1.80	3.13	4.07	5.79	5.79	5.79
	1.5	1.80	3.13	4.07	4.07	5.79	5.79
	2.0	1.80	3.13	3.13	3.13	3.13	3.13
	3.0	0.90	1.80	1.80	1.80	1.80	1.80

在不同支护强度作用下,顶板、底板、帮部围岩塑性区半径随围岩变形时间的增加而先增大后趋于不变;不同支护强度下巷道围岩塑性区分布趋势基本一致,支护强度越大,巷道围岩塑性区半径越小,但当支护强度大到某一值时,围岩塑性区半径基本不变。当变形时间为 50 d 时,巷道顶板围岩塑性区范围发育到最大,这时顶板围岩塑性区半径最大;巷道帮部和底板塑性区半径随时间变化规律与顶板相似。可见,某矿−850 m 东皮带大巷变形 50 d 以后,其围岩塑性区半径基本不变化。

3.4.4　支护强度对巷道围岩变形规律的影响

3.4.4.1　巷道垂直位移分布规律

由图 3-18～图 3-20 及表 3-11 可知:随着支护强度增大,顶板下沉量减小;随着变形时间增加,顶板下沉量增大;支护强度越小,巷道顶板下沉量变化速率越大,初期剧烈变形量大,变形时间长,长期流变速率大,变形量大。不改变围岩自身强度和结构,仅改变支护强度,对巷道顶板下沉量的影响较小。当支护强度小于 1.0 MPa 时,顶板下沉量都很大,不同支护强度之间顶板下沉量相差不大;当支护强度达到 1.5 MPa 时,顶板下沉量仍然随时间增加继续增大,无法控制住巷道的长期流变变形。但当支护强度超过围岩压力的时候,采取硬抗的支护手段也可以达到控制围岩变形的目的。从模拟结果看,当支护强度达到 2.0 MPa时,基本能控制住巷道顶板下沉。

由图 3-21 可知,随着支护强度增大,巷道底鼓量逐渐增大;随着时间增加,巷道底鼓量增大,但支护强度对巷道初期变形的影响较小。变形 50 d 内,变形量较大,变形速率大;当支护强度较小时,巷道变形 50 d 以后,巷道底鼓量继续增大,变形超过 100 d 时,巷道底鼓量依然在增大,只是增大幅度很小。当支护强度超过 1.0 MPa 时,底鼓量明显减小,60 d 以后底鼓量增加幅度很小,巷道底板变形具有显著的流变特性。

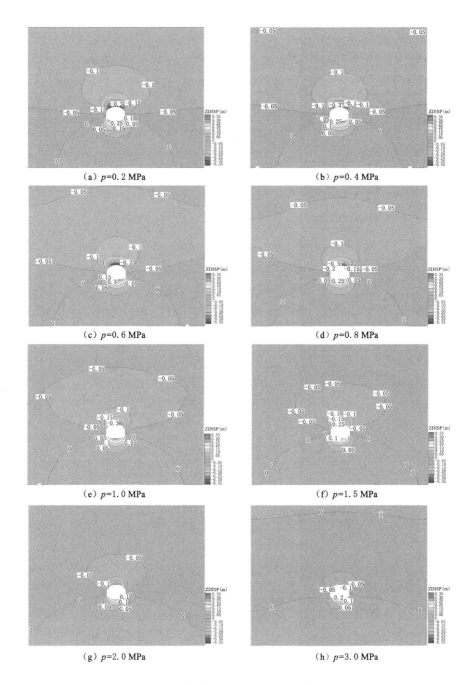

(a) p=0.2 MPa

(b) p=0.4 MPa

(c) p=0.6 MPa

(d) p=0.8 MPa

(e) p=1.0 MPa

(f) p=1.5 MPa

(g) p=2.0 MPa

(h) p=3.0 MPa

图 3-18 不同支护强度围岩垂直位移等值线云图

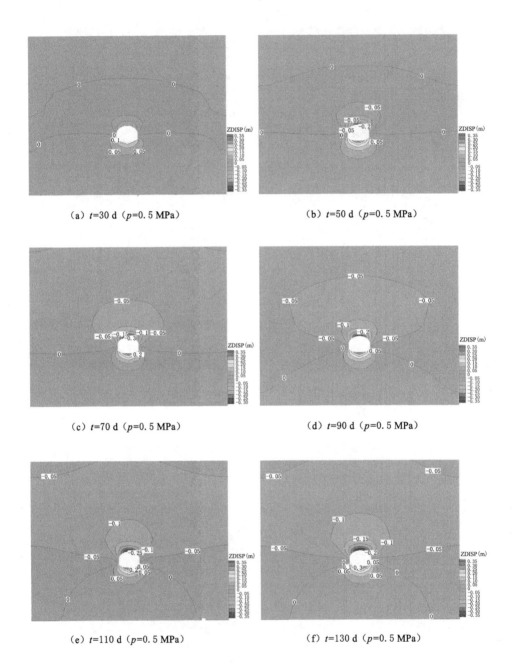

（a）t=30 d（p=0.5 MPa）　　　　　（b）t=50 d（p=0.5 MPa）

（c）t=70 d（p=0.5 MPa）　　　　　（d）t=90 d（p=0.5 MPa）

（e）t=110 d（p=0.5 MPa）　　　　　（f）t=130 d（p=0.5 MPa）

图 3-19　不同变形时间巷道围岩垂直位移云图

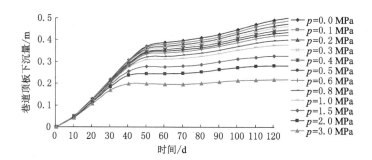

图 3-20 不同支护强度巷道顶板下沉量随时间的变化曲线

表 3-11 不同支护强度、不同变形时间巷道顶板下沉量 单位：mm

时间/d	支护强度/MPa											
	0	0.1	0.2	0.3	0.4	0.5	0.6	0.8	1.0	1.5	2.0	3.0
10	50	50	49	49	49	49	48	48	47	46	45	43
20	129	128	128	127	126	125	124	123	121	117	114	106
30	217	215	214	212	210	209	207	204	201	193	185	168
40	306	303	300	297	294	290	287	281	274	256	237	199
50	370	365	359	353	347	340	334	322	308	276	245	197
60	387	379	371	363	355	347	340	325	309	276	244	195
70	397	388	379	370	362	354	346	330	314	279	246	196
80	409	399	390	381	372	364	355	339	323	287	253	200
90	425	415	405	396	387	378	369	352	336	298	263	207
100	446	436	426	416	406	397	388	370	352	312	273	213
110	471	459	448	437	426	415	405	384	365	320	279	215
120	491	478	465	453	440	429	417	395	374	325	282	217

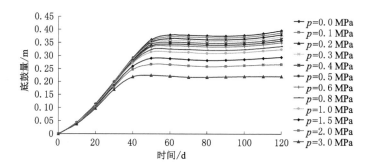

图 3-21 不同支护强度巷道底鼓量随时间的变化曲线

3.4.4.2 巷道水平位移分布规律

图 3-22 为不同支护强度巷道水平位移等值线云图,图 3-23 为不同变形时间巷道水平位移等值线云图,图 3-24 为不同支护强度巷道右帮移近量随时间的变化曲线,表 3-12 为不同支护强度、不同变形时间巷道右帮移近量。由图 3-22~图 3-24 及表 3-12 可知:

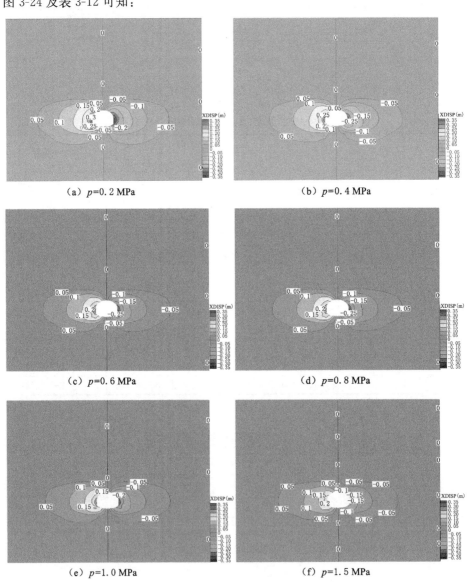

(a) $p=0.2\,\text{MPa}$ (b) $p=0.4\,\text{MPa}$

(c) $p=0.6\,\text{MPa}$ (d) $p=0.8\,\text{MPa}$

(e) $p=1.0\,\text{MPa}$ (f) $p=1.5\,\text{MPa}$

图 3-22 不同支护强度巷道水平位移等值线云图

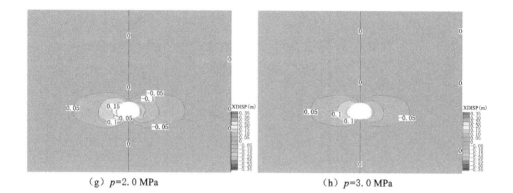

（g）$p=2.0$ MPa　　　　　　　　　　（h）$p=3.0$ MPa

图 3-22（续）

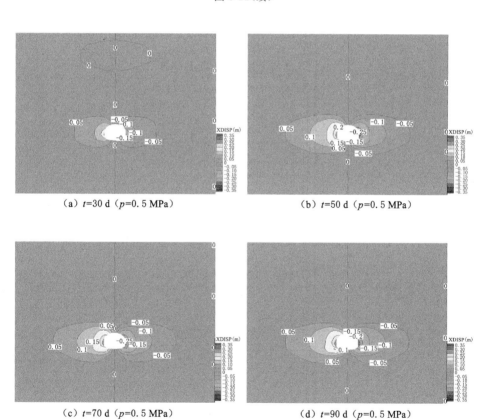

（a）$t=30$ d（$p=0.5$ MPa）　　　　　（b）$t=50$ d（$p=0.5$ MPa）

（c）$t=70$ d（$p=0.5$ MPa）　　　　　（d）$t=90$ d（$p=0.5$ MPa）

图 3-23　不同变形时间巷道水平位移等值线云图

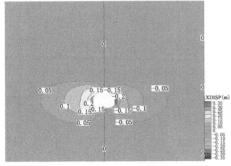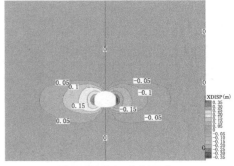

（e）t=110 d（p=0.5 MPa）　　　　　　（f）t=130 d（p=0.5 MPa）

图 3-23（续）

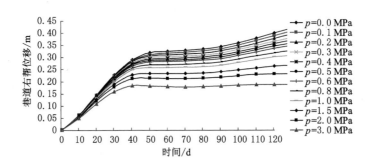

图 3-24　不同支护强度巷道右帮移近量随时间的变化曲线

表 3-12　不同支护强度、不同变形时间巷道右帮移近量　　　　　　　mm

时间/d	支护强度/MPa											
	0.0	0.1	0.2	0.3	0.4	0.5	0.6	0.8	1.0	1.5	2.0	3.0
10	63	63	62	61	61	60	60	59	58	55	53	50
20	145	143	142	141	139	138	137	134	132	126	120	109
30	227	224	222	219	217	214	211	206	201	189	178	159
40	292	287	283	278	274	269	265	257	248	229	212	183
50	320	313	306	300	293	287	281	270	259	235	214	183
60	326	318	310	303	296	289	283	271	259	234	213	180
70	330	322	314	306	299	292	285	272	260	234	212	179
80	335	327	318	310	303	296	288	275	262	235	214	180
90	345	335	327	318	310	303	296	282	269	241	218	182

表 3-12(续)

时间/d	支护强度/MPa											
	0.0	0.1	0.2	0.3	0.4	0.5	0.6	0.8	1.0	1.5	2.0	3.0
100	360	351	341	332	324	316	308	293	279	249	224	186
110	379	369	359	349	339	331	322	306	291	257	229	187
120	400	389	377	366	356	346	337	319	302	264	232	188

巷道右帮变形量随支护强度增加而减小。当支护强度小于 1.0 MPa 时,右帮初期变形速率较大,变形时间超过 40 d 时,右帮变形速率逐渐减小,变形时间超过 90 d 时,右帮变形速率开始增大,显然无法控制住巷道右帮的长期流变变形;当支护强度超过 1.5 MPa 时,右帮在 40 d 及以内变形速率较大(6 mm/d 以上),变形时间超过 40 d 时,巷道变形速率较小(0.4 mm/d 以下);当支护强度达到 3.0 MPa 时,右帮变形速率在 0.2 mm/d 以下。目前现有的巷道支护手段很难达到 1.5 MPa 的支护强度,因此,不惜支护成本提高支护强度是不合理的,且控制效果也不明显。

3.5 本章小结

本章以某矿－850 m 东皮带大巷为工程背景,通过对泥质粉砂岩进行现场取样并将其加工成标准试样,进行了泥质粉砂岩三轴压缩蠕变特性试验研究,建立泥质粉砂岩黏弹塑性蠕变全过程力学模型,推导出相应的蠕变本构方程,并采用 FLAC³ᴰ 软件模拟分析了不同变形时间、不同支护强度条件下巷道围岩流变规律,得到了以下结论:

(1) 随着试样围压的增大,试样最终破裂的极限载荷值增加;在任意围压应力水平下,三轴压缩蠕变试验过程中试样破坏的极限载荷都小于常规三轴压缩条件下断裂指标值;不同围压条件下,除了改变试样的极限破裂强度之外,对于泥质粉砂岩的流变行为并没有明显的改变。

(2) 在应力水平较低时,试样的蠕变特性表现得并不是特别明显,这一阶段属于泥质粉砂岩的减速蠕变阶段;当应力水平到达一定值时,试样的蠕变特性非常明显,这一阶段中等速蠕变是试样流变行为的主要形式;而当应力水平较高时,蠕变行为并不明显,围岩变形迅速增加,岩石的蠕变行为直接从等速蠕变阶段进入加速蠕变阶段,并且试样的破坏非常迅速。

(3) 根据泥质粉砂岩试样三轴压缩蠕变试验现象,建立泥质粉砂岩蠕变全过程的黏弹塑性蠕变模型,并推导出该蠕变模型的三维本构方程。利用最小二乘法非线性回归分析确定模型参数,通过试验数据绘制曲线与本构方程绘制曲线比较,验证模型参数的合理性。

（4）考虑围岩流变特性,建立了数值计算模型,采用 FLAC^{3D}软件分析了不同支护强度、不同时间巷道围岩流变规律。在不同支护强度作用下,巷道围岩塑性区半径随围岩变形时间的增加而先增大后趋于不变,巷道变形 50 d 以后,巷道围岩塑性区半径基本不变,支护强度对塑性区半径的影响较小。巷道变形量随支护强度的增大而减小,随变形时间的增长而增大,支护强度越小,巷道初期变形速率越大;变形时间在 50 d 及以内时,巷道变形剧烈、变形量大,变形时间超过 50 d 时,巷道变形速率减小,在支护强度不足够大(小于 1.5 MPa)时,巷道变形量缓慢持续增加。就现有的巷道支护手段来说,一次性支护无法控制高应力泥化软岩巷道长期流变,不改变围岩自身强度及结构,在支护强度不足够大时,仅改变支护强度对巷道变形量影响较小。

4 让压壳的构筑及短细密锚杆支护机理

由于高应力泥化软岩巷道围岩塑性区、破裂区范围较大(有的破裂区范围已经超过 4 m),且具有围岩应力高、强度低、结构差、泥化易风化等特点,采用传统的控制理论与技术难以奏效,有必要改变支护理念,研究出一种新的软岩巷道支护理论与技术。随着锚杆支护技术与理论的进一步发展,加上煤矿开采强度的大幅度增加,以及矿井向深部拓展,人们对软岩巷道支护技术提出了更高、更苛刻的要求,采用端锚或加长锚固锚杆支护效果不明显,亟须研究全长锚固预应力锚杆支护理论与技术。就高应力泥化软岩巷道支护而言,锚杆越长,施工越不方便,短锚杆施工方便且更易实现全长锚固,支护效果更可靠。正确地设计与应用全长锚固预应力锚杆支护,必须对其作用机理有充分的认识,因此研究让压壳的构筑及短细密锚杆支护机理意义重大。

本章根据软岩巷道支护存在的问题提出让压壳的概念,并给出了让压壳的构筑条件、支护作用特点及要求、支护内涵;根据锚杆-围岩相互作用原理,考虑全长锚固预应力锚杆支护作用的主要影响因素,建立全长锚固预应力锚杆支护杆体受力计算模型,基于弹塑性力学原理,推导出锚杆杆体轴向应力及剪应力的计算式,并分析了锚杆预紧力、长度、直径对锚杆杆体轴向应力及剪应力的影响规律;根据全长锚固预应力锚杆安装与支护作用过程,将全长锚固预应力锚杆支护与加固作用分成初始状态和最终状态进行分析,根据全长锚固预应力锚杆支护与加固围岩作用特点,建立了全长锚固预应力锚杆支护与加固围岩力学模型,推导出全长锚固预应力锚杆支护作用下,围岩沿锚杆轴向应力和径向应力以及环向应力的计算式,并分析了锚杆预紧力、长度对围岩沿锚杆轴向应力和径向应力的影响规律,为让压壳-网壳耦合支护设计提供理论基础。

4.1 让压壳的构筑及支护作用

4.1.1 让压壳概念的提出

4.1.1.1 软岩巷道支护存在的问题及发展方向

随着煤炭开采向深部扩展,巷道开挖深度增加,巷道围岩应力增大,围岩表现出的软岩特性愈加明显,巷道支护难度加大。多年以来,我国在软岩巷道掘进与支护理论、技术等方面进行了大量的试验研究,取得了一定的研究成果。针对软岩变形速度快、变形量大、变形时间长的围岩特征,通过提高支护刚度、减少围岩暴露时间达到阻止和减缓围岩变形的目的,大多事与愿违。多年生产实践证明,对于软岩巷道,由于围岩具有胶结性差、强度低、膨胀性和流变性较强等特征,变形需要很长一段时间才能稳定,因此单纯提高支护刚度,单纯依靠一次支护解决支护问题的"一劳永逸"做法是无济于事的。单纯一次支护不能适应高应力软岩巷道的大变形规律,不允许巷道围岩变形,支架相当于承担巷道围岩内的原始应力,这一应力是相当高的,一般支架(29U、36U 型钢)是承载不住的,显然单纯依靠一次支护解决支护问题是不合理的。提高支护刚度会使围岩压力也相应增加,而支护效果并不明显,因此是得不偿失的。巷道刚开挖不久,围岩变形速度快,变形压力大,变形量大,需要一段时间甚至很长时间应力调整后方能趋于稳定。而全断面掘进一次性支护,立即封闭围岩,构筑永久支护往往使围岩长期不稳定。

软岩巷道支护由一次支护向二次支护甚至多次支护的方向发展,多次支护是以充分发挥围岩自身承载能力和更大的变形为代价的。目前二次支护理论与技术已得到普遍应用,有成功的经验也有失败的教训。对于如何充分发挥围岩承载能力,释放围岩变形能,降低围岩应力,每次支护允许变形量是多少等缺乏理论依据,往往靠经验确定,结果是允许变形量过大或过小,造成一次支护与二支护不能在强度、刚度、结构上耦合,无法保证巷道长期稳定。从改变浅部围岩结构、增加浅部围岩残余强度的角度,使浅部围岩形成强度高、厚度薄、结构完整的支护结构体;浅部支护结构体通过整体变形移动、释放围岩变形能,达到降低围岩应力的目的,这是软岩巷道发展的必然结果。一次支护让压到一定程度时,二次支护要坚决顶住,因此二次支护要选择合理的支架刚度、强度和结构,最好是高阻可缩性支架。

4.1.1.2 梁板拱壳力学性质分析

梁与板相比,梁是一维结构(线形结构),板是二维结构,梁的最大挠度比板的最大挠度大,而板的最大弯矩比梁的最大弯矩大,所以板比梁优越。拱与梁相比,拱内弯矩小,拱能更充分地利用材料、具有更好的优越性、稳定性更好。壳和板虽然都是二维结构,但是壳体相比板体的优点远胜于板体相比梁体的优点,壳体结构同时兼有板相比梁的优点和拱相比梁的优点。对于一定形式的拱,只在一定形式的载荷作用下,拱内弯矩才等于零;但对于一定形式的壳,可以在各种不同形式的载荷作用下做到壳内大部分区域的内力都是沿着壳曲面的薄膜力,弯矩为零或很小。因为减小拱内弯矩仅靠支座的水平推力起作用,而壳体边缘上的支座可提供各种不同分布的支撑,从而减小壳内弯矩,所以壳的强度和刚度高,壳体对于不同形式载荷的自适应力强,能使材料得到充分利用。因此,巷道浅部围岩形成壳体结构优越性最大。

4.1.1.3　让压壳概念的提出

根据岩体结构控制论的观点,巷道围岩的稳定性主要受岩体结构的控制,围岩的变形主要是结构的变形,围岩的破坏主要是结构的破坏,因此要从改变围岩结构的角度去研究高应力泥化软岩巷道支护理论与技术。硬岩巷道支护原理是不允许硬岩进入塑性状态,因为进入塑性状态的硬岩将丧失承载能力。软岩巷道的独特之处是其巨大的塑性变形能和碎胀变形能必须以某种形式释放出来。因此软岩巷道支护的关键是通过改变软岩巷道浅部围岩结构、提高巷道浅部围岩残余强度,确保围岩巨大的塑性变形能和碎胀变形能可以释放出来。

某矿-850 m东皮带大巷属于高应力泥化软岩巷道,现场实践表明,围岩注浆效果差,浆液注不进去;另外,泥化软岩可能因浆液的存在而强度降低,难以起到加固围岩的作用。根据巷道围岩应力与变形破坏特征可知,其围岩初期变形剧烈、变形量大、破裂区范围大,需要及时进行一次支护,立即封闭围岩;一次支护采用锚网喷支护手段无法阻止围岩的松动变形和碎胀变形,那么也无须特别提高支护体强度,只需把锚杆的延展性、高抗拉强度、抗剪强度的优越性发挥出来。短锚杆加固范围小,锚固体扩容变形量相对较小,扩容应力也较小,并且更容易实现全长锚固。全长锚固预应力锚杆支护技术既具有端锚锚杆预应力扩散范围大的优点,又具有全长锚固非预应力锚杆对围岩变形和离层敏感的优点,其支护刚度高于端锚锚杆或全长锚固锚杆支护刚度,并且加固围岩效果好,能够防止巷道围岩的变形。利用全长锚固等强螺纹钢短锚杆支护,可满足高应力泥化软岩巷道围岩的扩容变形和扩容应力的要求,形成一次支护围岩释放变形能、降低围岩应力的壳体支护结构;此壳体结构起到承载让压的作用,简称让压壳。

采用短细密锚网喷或锚注等支护与加固手段改变围岩受力状态、围岩结构和力学性质,提高围岩强度、弹性模量、黏聚力和内摩擦角等,使巷道浅部围岩形成厚度不大、强度高且具有一定柔性的支护体,起到让压承载的作用。喷层可以及时充填围岩表面裂隙,封闭岩面并隔离水、风对围岩的破坏,缓解应力集中现象并提供一定的支护抗力,使锚杆间围岩稳定。金属网能加强喷层的整体性,提高喷层的抗弯、抗剪、抗拉能力,而且将单个锚杆连接成整体锚杆群和混凝土形成具有一定柔性的壳体结构。让压壳是在保证巷道围岩不失稳的条件下释放围岩变形能;让压就是柔性卸载,是在限压的条件下让压的。

4.1.2 让压壳结构的形成

让压壳的结构形式主要由以下两种锚杆支护手段形成。

4.1.2.1 锚网喷支护体系

利用全长锚固预应力短细密锚杆作为支护手段,改变巷道浅部围岩结构,提高浅部围岩的自承能力与稳定性;金属网护住表面围岩,使其受力均匀,在锚杆有效支护范围内形成壳体支护结构。锚网喷支护是围岩内部加固与外部支护的结合,支护与围岩共同作用,并能柔性卸载、限压让压。锚喷网支护的性能十分符合软岩对支护性能的要求,特别是对一次支护性能的要求。

4.1.2.2 锚注支护体系

利用注浆锚杆在围岩中注浆,以达到加强围岩强度、改变围岩结构形成壳体支护的目的。对于破碎软岩,就支护效果而言,锚注支护体系最好;从支护效果、施工难易程度、支护成本综合考虑,短细密锚网喷支护体系最优。另外,两种支护形式有时是交叉使用的,如锚注支护可以通过采用短细锚杆的形式,确保巷道周边浅部围岩形成应力均匀的壳体支护区。

对于高应力泥化软岩巷道,围岩泥化程度高,不适合采用锚注支护形式。由于围岩注浆效果差,浆液注不进去,甚至注浆会造成围岩强度降低,因此,对于某矿-850 m东皮带大巷采用短细密锚网喷支护体系效果更好。另外,对已形成的壳体支护结构,要注意支护结构及围岩完整性并及时维护,避免出现应力集中而引起巷道局部破坏,进而引起连锁反应。因此,选择合理的断面形状是必须的,对让压壳首先可能发生破坏的部位要加强支护。

4.1.3 让压壳支护作用特点及要求

让压壳支护是通过锚杆支护改变浅部围岩结构特征,使浅部围岩形成一个壳体结构,起到承载让压的作用;在保证巷道不失稳的前提下,充分释放围岩应力,以确保支护成功。

4.1.3.1 让压壳支护作用特点

(1)根据"雪团原理",当雪团较小时,作用在雪团上一定的表面力对雪团体内的作用效果比雪团大时要好。因此,让压壳壳体相对要薄。

(2)让压壳是强度高、刚度大且具有一定柔性的闭合薄壳结构,具有整体变形移动、受力特点好等优点,能够在保证巷道不失稳的前提下,限制围岩初期变形速度,充分释放围岩变形能,降低围岩应力,起到限压让压的支护作用。

(3)让压壳内部任意点内表比接近1,各点强度基本相同,完整性好,与其他梁、板、拱等结构相比,它能以较小的厚度承受同样的荷载。

4.1.3.2 让压壳支护的具体要求

(1)支护材料与参数应匹配完好,支护区要形成连续的、厚度均匀的、强度高的均匀压缩区且具有一定可缩性的让压壳结构。

(2)在条件允许的情况下,尽量保持让压壳壳体的圆滑性,使其环形壳体结构处于较好的受力状态,尽量避免或减少让压壳结构因形状造成应力集中而局部破坏。

(3)尽量保持让压壳环向和径向连续性不受破坏,确保让压壳的完整性;如果整体性遭受破坏,应及时进行补强。

保持沿巷道环向与径向加固与支护的连续性是让压壳形成的必备条件,在让压壳壳体不失稳的条件下,保证高应力软岩巷道变形能释放出来是让压壳支护的目的。采用短细密锚网喷体系形成让压壳。让压壳环向的连续性是通过喷层、金属网、托盘、钢带以及锚杆间排距等实现的;而径向的连续性需要一定的壳体厚度,主要是通过适当的锚杆长度及预紧力等来满足。

4.1.4 让压壳支护内涵

让压壳支护形式是针对某矿深部软岩巷道的变形破坏特点,在现有软岩巷道支护理论与技术的基础上,经多年反复探索提出的一种支护形式。在高应力软岩巷道二次支护体系中,充分利用壳体结构及受力特点好等优点,在壳体结构不失效破坏的条件下,释放围岩变形能,降低围岩应力,达到承载让压的目的。其支护内涵主要包括以下内容:

(1)巷道稳定性与围岩状态密切相关,围岩失稳的根本原因在于巷道浅部围岩的失稳,通过锚杆支护形成让压壳,其支护对象是巷道浅部围岩,在高应力软岩巷道支护中,让压壳在围岩破裂区中形成,利用闭合环形薄壳结构强度高、整体性的特点限制巷道初期剧烈变形。

(2)闭合环形薄壳具有强度高、整体变形能力强的特点,可以适用高应力泥化软岩巷道的大变形,保证壳体整体变形过程中不会因强度低而可缩性差,遭到深部岩体膨胀压力的破坏。

(3)让压壳改变了浅部破裂区围岩的应力状态及应力应变特性,提高了浅部围岩残余强度、刚度和结构的完整性,确保浅部围岩整体变形移动;让压壳通过整体变形移动达到释放围岩变形能、降低围岩应力目的。

4.2 全长锚固预应力锚杆杆体受力特征

目前我国矿井巷道采用的锚杆长度一般在 2 m 以上,锚杆直径一般在 20 mm 左右,间排距一般在 1 m 左右。一般情况下,锚杆越长、直径越大,支护效果越好,巷道越安全,因此短细密锚杆支护技术没有得到广泛应用。学者们对短细密锚杆支护作用机理的研究较少,其相应的支护理论也不完善,特别是对全长锚固方式下的支护作用机理的研究不够。全长锚固锚杆由于施工工艺复杂,施加预紧力难度较大,一般不加预紧力,即使施加预紧力也是在自由段施加预紧力,不能实现全长预应力锚固,因而全长锚固预应力锚杆支护理论与技术的研究往往被忽略。高应力泥化软岩巷道采用锚网喷支护体系形成让压壳,锚杆长度、直径、预紧力等是形成让压壳的关键因素;考虑锚杆长度、直径、预紧力等的不同,分析全长锚固锚杆杆体受力特征,可为让压壳支护设计提供参考依据。

4.2.1 全长锚固预应力锚杆支护杆体受力计算模型

锚杆受力与围岩变形、围岩压力、围岩强度、锚杆支护系统材料、尺寸、预应力大小等有关。根据锚杆-围岩相互作用原理,建立如图 4-1 所示的全长锚固预应力锚杆杆体受力计算模型。图 4-1 中,r_0 表示开挖巷道半径,R 表示围岩塑性区半径,ρ 表示巷道中心到中性点距离,l 表示锚杆长度,r 表示巷道中任意一点的位置,P 表示锚杆对围岩所施加的预紧力,p_0 表示围岩压力。

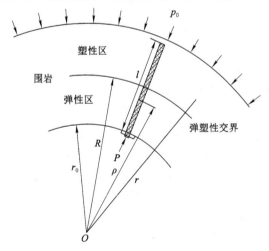

图 4-1　全长锚固预应力锚杆杆体受力计算模型

图 4-2 是作用在围岩中的锚杆杆体受力状态图，其中 P' 表示围岩由于预紧力作用而对锚杆的反作用力，$P = P'$，T 表示围岩对锚杆的沿锚杆轴向的切向力，即锚杆杆体剪力，它是围岩与锚杆相对位移的函数。

图 4-2　锚杆杆体受力状态

4.2.2　锚杆剪应力与轴向应力

4.2.2.1　锚杆受力的基本力学表达式

根据图 4-2 中锚杆受力状态，结合图 4-1 中的位置坐标，对锚杆进行受力分析可得：

$$\int_{r_0}^{r_0+l} T \mathrm{d}r = P \tag{4-1}$$

切向力 T 主要取决于围岩的变形，其大小与锚杆和围岩的相对位移成正比，即：

$$T = K \Delta u \tag{4-2}$$

式中，K 表示围岩的剪切刚度，其大小主要取决于围岩的状态，在塑性状态以及弹性状态下围岩的剪切刚度不同，可以近似地认为 $K = G \pi d$，G 表示岩石的剪切模量。本书中弹性状态和塑性状态下围岩的剪切刚度 K 分别用 K_1，K_2 表示。Δu 表示围岩与锚杆之间的相对位移。

根据中性点理论，中性点处锚杆表面的切向力为零，所以锚杆的整体位移可用中性点处围岩的位移表示，那么，锚杆中任意一点与围岩的相对位移可以表示为：

$$\Delta u = u_\rho - u_r \tag{4-3}$$

将式(4-2)和式(4-3)代入式(4-1)得到：

$$\int_{r_0}^{r_0+l} K(u_\rho - u_r) \mathrm{d}r = P \tag{4-4}$$

式(4-4)为锚杆受力分析的基本表达形式。

4.2.2.2　巷道围岩表面位移

根据弹塑性力学可知，巷道采用锚杆支护，在锚杆作用范围内，巷道围岩状态依次为弹性状态、弹塑性状态以及塑性状态。围岩塑性区随着巷道掘进时间的增加慢慢向围岩深部扩展，巷道围岩表面位移也不断增加。

（1）弹性状态

在锚杆作用范围内,围岩体完全处于弹性状态是在巷道开挖后的阶段瞬间存在的,但是在坚硬围岩中,巷道开挖一段时间后,可认为巷道围岩体处于弹性状态下。依据弹性力学可知,巷道围岩表面位移表达式为:

$$u = \frac{1+\mu}{E} p_0 \frac{r_0^2}{r} = A_0 \frac{1}{r}$$

式中,$A_0 = \frac{1+\mu}{E} p_0 r_0^2$;$E$ 为巷道围岩弹性模量;μ 为泊松比。

(2)弹塑性状态

巷道开挖一段时间后,锚杆作用的围岩体处于在弹塑性状态下,根据弹性力学以及弹塑性力学可知,这种状态下巷道围岩位移表达式为:

$$u = A_0 \frac{1}{r}$$

A_0 的表达式在岩石的弹性状态和塑性状态下表达式有所不同。其中:当围岩体处于弹性状态下时,$A_0 = \frac{1+\mu}{E} R^2 (p_0 - \sigma_R)$,$R = r_0 \left[\frac{p_0 + C\cot\varphi}{C\cot\varphi} (1-\sin\varphi) \right]^{\frac{1-\sin\varphi}{2\sin\varphi}}$,$R$ 表示围岩塑性区半径;$\sigma_R = C\cot\varphi \left[\left(\frac{R}{r_0} \right)^{\frac{2\sin\varphi}{1-\sin\varphi}} - 1 \right]$,$\sigma_R$ 表示弹塑性交界面处的径向应力。当围岩体处于塑性状态下时,$A_0 = \frac{1+\mu}{E} R^2 (p_0 \sin\varphi + C\cos\varphi)$,$C$,$\varphi$ 分别表示岩石的黏聚力和内摩擦角。

(3)塑性状态

随着时间的推移,巷道开挖一段时间之后,锚杆作用范围的围岩全部进入塑性状态,那么围岩位移表达式变为弹塑性状态中塑性状态的表达式。

需要说明的是,在不考虑岩石流变的情况下,即不以时间的变化作为岩石弹塑性状态变化的依据,只是根据瞬时状态来衡量锚杆作用范围的围岩状态,那么弹塑性、塑性状态塑性区的范围主要取决于岩石固有的力学参数 E,μ,C,φ。根据上述三种围岩状态,围岩位移表达式可以总结为 $u = A_0 \frac{1}{r}$,其中:

$$\begin{cases} A_0 = \frac{1+\mu}{E} p_0 r_0^2 & \text{(弹性状态)} \\ A_0 = \frac{1+\mu}{E} R^2 (p_0 - \sigma_R) & \text{(弹塑性状态下的弹性区)} \\ A_0 = \frac{1+\mu}{E} R^2 (p_0 \sin\varphi + C\cos\varphi) & \text{(弹塑性状态下的塑性区)} \\ A_0 = \frac{1+\mu}{E} R^2 (p_0 \sin\varphi + C\cos\varphi) & \text{(塑性状态)} \end{cases} \tag{4-5}$$

4.2.2.3 全长锚固预应力锚杆剪应力

根据式(4-4)和式(4-5),可以分别求解各种应力状态下中性点的位置。

(1) 弹性状态

$$\int_{r_0}^{r_0+l} T\mathrm{d}r = \int_{r_0}^{r_0+l} K_1(u_\rho - u_r)\mathrm{d}r = K_1 A_0\left(\frac{l}{\rho} - \ln\frac{r_0+l}{r_0}\right) = P \qquad (4\text{-}6)$$

求解得到:

$$\rho = \frac{K_1 A_0 l}{P + K_1 A_0 \ln\dfrac{r_0+l}{r_0}} \qquad (4\text{-}7)$$

(2) 弹塑性状态

锚杆所受剪力是由塑性围岩与弹性围岩两部分的锚杆剪力组成,因此可以计算为:

$$\begin{aligned}
\int_{r_0}^{r_0+l} T\mathrm{d}r &= \int_{r_0}^{R} K_2(u_\rho - u_r)\mathrm{d}r + \int_{R}^{r_0+l} K_1(u_\rho - u_r)\mathrm{d}r \\
&= \int_{r_0}^{R} K_2 A_2\left(\frac{1}{\rho} - \frac{1}{r}\right)\mathrm{d}r + \int_{R}^{r_0+l} K_1 A_1\left(\frac{1}{\rho} - \frac{1}{r}\right)\mathrm{d}r \\
&= K_2 A_2\left(\frac{R-r_0}{\rho} - \ln\frac{R}{r_0}\right) + K_1 A_1\left(\frac{r_0+l-R}{\rho} - \ln\frac{r_0+l}{R}\right) \\
&= \frac{1}{\rho}\left[K_2 A_2(R-r_0) + K_1 A_1(r_0+l-R)\right] - \left(K_2 A_2 \ln\frac{R}{r_0} + \right. \\
&\quad \left. K_1 A_1 \ln\frac{r_0+l}{R}\right) \\
&= P \qquad (4\text{-}8)
\end{aligned}$$

求解得到:

$$\rho = \frac{\left[K_2 A_2(R-r_0) + K_1 A_1(r_0+l-R)\right]}{P + \left(K_2 A_2 \ln\dfrac{R}{r_0} + K_1 A_1 \ln\dfrac{r_0+l}{R}\right)} \qquad (4\text{-}9)$$

(3) 塑性状态

$$\begin{aligned}
\int_{r_0}^{r_0+l} T\mathrm{d}r &= \int_{r_0}^{r_0+l} K_2(u_\rho - u_r)\mathrm{d}r = \int_{r_0}^{r_0+l} K_2 A_2\left(\frac{1}{\rho} - \frac{1}{r}\right)\mathrm{d}r \\
&= K_2 A_2\left(\frac{l}{\rho} - \ln\frac{r_0+l}{r_0}\right) = P \qquad (4\text{-}10)
\end{aligned}$$

求解得到:

$$\rho = \frac{K_2 A_2}{P + K_2 A_2 \ln\dfrac{r_0+l}{r_0}} \qquad (4\text{-}11)$$

以上三种状态下,中性点距离巷道中心的距离为:

$$\begin{cases} \rho = \dfrac{K_1 A_0 l}{P + K_1 A_0 \ln \dfrac{r_0 + l}{r_0}} & \text{(弹性状态)} \\[4mm] \rho = \dfrac{\left[K_2 A_2 (R - r_0) + K_1 A_1 (r_0 + l - R) \right]}{P + \left(K_2 A_2 \ln \dfrac{R}{r_0} + K_1 A_1 \ln \dfrac{r_0 + l}{R} \right)} & \text{(弹塑性状态)} \\[4mm] \rho = \dfrac{K_2 A_2}{P + K_2 A_2 \ln \dfrac{r_0 + l}{r_0}} & \text{(塑性状态)} \end{cases} \qquad (4\text{-}12)$$

由式(4-12)可以看出,无论锚杆作用范围内的围岩处于怎样的状态,随着预紧力 P 的增大,ρ 逐渐减小,即锚杆的受拉范围逐渐增大,岩体受压区域增大。但是,P 也是有范围的,既不能大于锚杆的抗拉屈服极限,又必须满足 $\rho \geqslant r_0$。

将式(4-5)和式(4-12)代入式(4-2)可得围岩不同状态下锚杆的切向力,即可得到 T。取锚杆上一段单元体进行受力分析,如图4-3所示。将切向力 T 平均分布到锚杆上得到切向应力,即剪应力:

$$\tau = \frac{T}{\pi d}$$

其中,d 为锚杆直径。

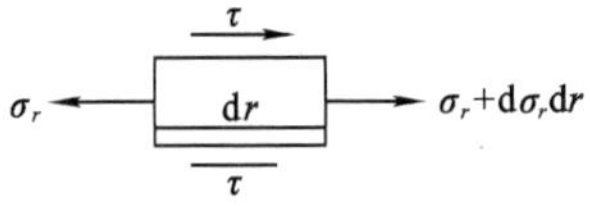

图4-3 锚杆单元体受力模型

4.2.2.4 全长锚固预应力锚杆轴向应力

由图4-3,根据受力平衡得到:

$$\frac{\pi d^2}{4} \left[(\sigma_r + \frac{\partial \sigma_r}{\partial r} dr) - \sigma_r \right] + \tau \pi d \, dr = 0 \qquad (4\text{-}13)$$

求解式(4-13)得到:

$$d\sigma_r = -\frac{4}{d} \tau \, dr \qquad (4\text{-}14)$$

对式(4-14)进行积分得:

$$\sigma_r = -\frac{4 K A_0}{\pi d^2} \int \left(\frac{1}{\rho} - \frac{1}{r} \right) dr = -\frac{4 K A_0}{\pi d^2} \left(\frac{r}{\rho} - \ln r + C \right) \qquad (4\text{-}15)$$

根据边界条件,在孔口 $r = a$ 处,$\sigma_r = \dfrac{4P}{\pi d^2}$,因此:

$$C = -\frac{P}{E A_0} - \frac{a}{\rho} + \ln a \qquad (4\text{-}16)$$

将式(4-16)代入式(4-15)得：

$$\sigma_r = \frac{4KA_0}{\pi d^2}\left(\frac{r_0-r}{\rho}+\ln\frac{r}{r_0}+\frac{P}{EA_0}\right) \qquad (4-17)$$

在最大拉应力处，$\dfrac{\partial \sigma_r}{\partial r}=0$，从而得到当 $r=\rho$ 时，σ_r 有最大值，即：

$$\sigma_{r\max} = \frac{4KA_0}{\pi d^2}\left(\frac{r_0-\rho}{\rho}+\ln\frac{\rho}{r_0}+\frac{P}{EA_0}\right) \qquad (4-18)$$

将式(4-12)代入式(4-17)和式(4-18)就可以得到轴向应力以及最大轴向应力的表达式。将式(4-17)和式(4-18)乘以 $\dfrac{\pi d^2}{4}$ 就可以得到轴力以及最大轴力的表达式。

4.2.3　全长锚固预应力锚杆杆体轴向应力分布特征

在不同的预紧力作用下，分析了锚杆长度为 1.6 m、锚杆直径为 16 mm 和 20 mm 时全长锚固预应力锚杆杆体的受力特征；同时为考虑锚杆长度对杆体受力的影响，又分析了锚杆长度为 2.4 m、锚杆直径为 20 mm 时全长锚固预应力锚杆杆体的受力特征。

4.2.3.1　巷道围岩条件

某矿−850 m 东皮带大巷围岩的黏聚力 $C=4.6$ MPa，泊松比 $\mu=0.25$，$K_1=10$ GPa，$K_2=5$ GPa，巷道半径 $r_0=3$ m，内摩擦角 $\varphi=23°$，围岩压力 $p_0=22.5$ MPa。

4.2.3.2　锚杆杆体轴向应力分析

锚杆杆体轴向应力随着预紧力的增加而增大，当杆体轴向应力达到杆体极限抗拉强度时，施加的预紧力为极限预紧力，若预紧力大于极限预紧力，锚杆杆体轴向应力超过杆体极限抗拉强度，锚杆就会被拉断。因此，锚杆预紧力不是越大越好，而是应该有一个合理的范围，其大小要与锚杆支护体系相匹配。过高的预紧力可能造成锚杆屈服变形、被拉断，托盘被压坏等问题，从而造成锚杆支护系统失效；过低的预紧力不能实现真正的主动支护，不能及时抑制围岩离层变形。

如图 4-4 所示，锚杆杆体轴向应力从杆体尾部向端部沿锚杆杆体全长呈曲线变化，呈先增大后减小的趋势，其最大值不在锚杆端部和尾部，而在杆体中间某部位。随着预紧力的增加，轴向应力最大值的位置向锚杆尾部移动，但移动的范围很小。锚杆最大轴向应力不仅取决于围岩的性质，而且取决于锚杆长度、预紧力、杆体直径、巷道半径等因素。锚杆最大轴向应力不应超过锚杆杆体材料的允许抗拉强度，如表 4-1 所列。

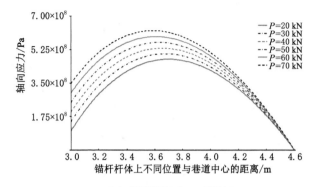

（a）锚杆长度1.6 m，直径16 mm

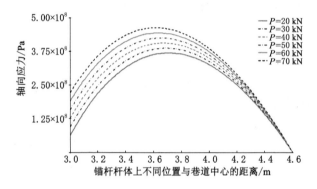

（b）锚杆长度1.6 m，直径20 mm

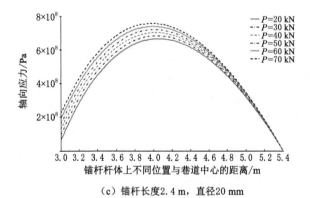

（c）锚杆长度2.4 m，直径20 mm

图 4-4　不同预紧力锚杆不同位置轴向应力变化曲线图

表 4-1 不同预紧力锚杆轴向应力最大值与位置

锚杆长度 /m	锚杆直径 /mm	预紧力 /kN	20	30	40	50	60	70
1.6	16	ρ/m	3.696	3.673	3.651	3.628	3.606	3.584
		最大轴向应力 /MPa	473.3	501.8	530.9	560.8	591.3	622.6
	20	ρ/m	3.706	3.687	3.669	3.651	3.633	3.615
		最大轴向应力 /MPa	369.7	387.7	406	424.7	443.8	463.2
2.4	20	ρ/m	4.053	4.038	4.024	4.009	3.995	3.98
		最大轴向应力 /MPa	667.2	685.1	703.3	721.6	740.8	758.9

根据计算结果可知:在同样的巷道围岩条件下,当锚杆直径相同时,锚杆长度越长,其杆体轴向应力越大,长度为 1.6 m、直径为 20 mm 的锚杆杆体轴向应力明显小于长度为 2.4 m、直径为 20 mm 的锚杆杆体轴向应力;当锚杆长度相同时,锚杆直径越大,锚杆轴向应力越小,且轴向应力最大值的位置向锚杆端部方向移动;锚杆长度为 1.6 m、锚杆直径为 16 mm,其杆体轴向应力小于锚杆长度为 2.4 m、直径为 20 mm 的锚杆杆体轴向应力。

锚杆越长,其杆体轴向应力越大,锚杆越容易破坏,因此在一定围岩条件下,并不是锚杆越长其支护效果越好,合理的锚杆长度要根据围岩条件以及支护需要来确定。在一定条件下,从杆体受力的角度说,短细锚杆支护效果更可靠。

4.2.4 全长锚固预应力锚杆杆体剪应力分布特征

全长锚固预应力锚杆是通过锚杆杆体与围岩体间锚固剂的黏结力阻止围岩变形的。在锚杆靠近巷道表面一段,围岩要向巷道内移动,锚杆阻止围岩移动,锚杆表面受到指向巷道表面的剪应力;在锚杆远离巷道表面的一段,围岩阻止锚杆移动,锚杆表面受到背向巷道表面的剪应力,锚杆轴向应力最大处剪应力为零。如图 4-5 所示。

从锚杆尾部到端部方向,锚杆杆体剪应力先减小后增大,轴向应力达到最大值,而剪应力改变方向,此处剪应力最小,为零;同时,随着锚杆预紧力增大,剪应力为零的点的位置逐渐向尾部移动。当锚杆长度相同时,锚杆直径越大,锚杆尾端剪应力越大,但锚杆端部剪应力越小;当锚杆直径相同时,锚杆越长,锚杆杆体

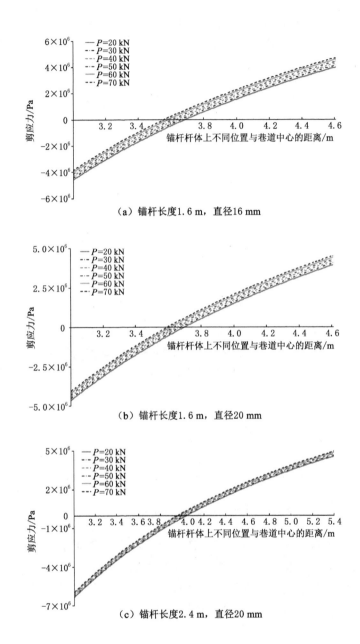

图 4-5　不同预紧力锚杆不同位置剪应力变化曲线图

剪应力越大;当锚杆长度和直径相同时,锚杆预紧力越大,锚杆杆体尾部剪应力越大,但端部剪应力越小。锚杆长度为 1.6 m、直径为 16 mm 以及直径为

20 mm时，其杆体剪应力小于锚杆长度为 2.4 m、直径为 20 mm 时杆体的剪应力；锚杆越长，锚杆杆体剪应力越大，锚杆越容易发生剪切破坏。不同预紧力锚杆尾部和端部预紧力分别如表 4-2 和表 4-3 所列。

表 4-2   不同预紧力锚杆尾部剪应力

锚杆长度 /m	锚杆直径 /mm	预紧力 /kN	20	30	40	50	60	70
1.6	16	剪应力/MPa	−4.574	−4.429	−4.284	−4.139	−3.994	−3.849
	20		−4.632	−4.516	−4.4	−4.284	−4.168	−4.052
	20		−6.344	−6.267	−6.19	−6.112	−6.035	−5.957

表 4-3   不同预紧力锚杆端部剪应力

锚杆长度 /m	锚杆直径 /mm	预紧力 /kN	20	30	40	50	60	70
1.6	16	剪应力/MPa	3.948	4.093	4.238	4.383	4.528	4.673
	20		3.89	4.006	4.122	4.238	4.354	4.47
	20		4.545	4.662	4.699	4.777	4.854	4.931

4.3   全长锚固预应力锚杆支护围岩应力计算

4.3.1   全长锚固预应力锚杆支护与加固围岩力学模型

全长锚固预应力锚杆支护作用具有端部锚固预应力锚杆支护和全长锚固非预应力锚杆支护的优点。为了保证预紧力能够施加上去，实现较好的预紧力扩散效果，锚杆端部采用的快速或超快速锚固剂先固化，其余部分采用慢速锚固剂，等锚杆预紧力施加完成后慢速锚固剂才固化，形成真正意义上的全长锚固预应力锚杆支护，达到较好支护与加固围岩的效果。但全长锚固预应力锚杆支护围岩应力如何变化，单根锚杆支护作用范围如何等问题尚不清楚，因此需要进一步研究全长锚固预应力锚杆支护作用机理。

根据全长锚固预应力锚杆对围岩的支护与加固作用特点，将全长锚固预应力锚杆支护与加固过程等效为初始和最终两种状态的叠加作用。将围岩体视为半无限平面，假设锚杆长度为 l，初始状态时锚杆支护作用简化成两个集中力对围岩的作用[见图 4-6(a)]，最终状态时锚杆支护作用简化成一个集中力和均布力对围岩的作用[见图 4-6(b)]。在初始状态时,围岩表面简化为受集中荷载 F,锚杆受与 F 等大、方向相反的集中力 F' 的作用;而在最终状态时,围岩表面仍受集中力作用,但锚杆受均布载荷 q 作用。全长锚固预应力锚杆支护与加固围岩力学模型如图 4-6 所示。

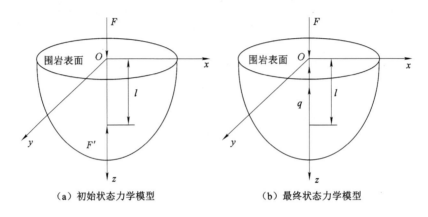

（a）初始状态力学模型　　　　　（b）最终状态力学模型

图 4-6　全长锚固预应力锚杆支护与加固围岩力学模型

4.3.2　全长锚固预应力锚杆支护围岩应力计算

4.3.2.1　半无限体内部作用法向集中力时的围岩应力

美国哥伦比亚大学土木工程系明德林(R. D. Mindlin)于 1936 年提出了在各向同性半无限空间弹性均质体表面下某一深度处的垂直集中力作用下,某点的应力场与位移场的理论解,其半无限体内部作用法向集中力时的力学模型如图 4-7 所示。

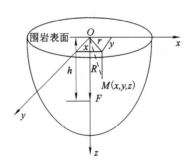

图 4-7　半无限体内部作用法向集中力时的力学模型

$$\begin{cases} \sigma_{wr} = \dfrac{F}{8\pi(1-\mu)}\Bigg[\dfrac{(1-2\mu)(z-h)}{R_1^3} - \dfrac{(1-2\mu)(z+7h)}{R_2^3} + \dfrac{4(1-\mu)(1-2\mu)}{R_2(R_2+z+h)} - \\ \qquad \dfrac{3r^2(z-h)}{R_1^5} + \dfrac{6h(1-2\mu)(z+h)^2 - 6h^2(z+h) - 3(3-4\mu)r^2(z-h)}{R_2^5} - \\ \qquad \dfrac{30hr^2z(z+h)}{R_2^7}\Bigg] \\[4pt] \sigma_{w\varphi} = \dfrac{F(1-2\mu)}{8\pi(1-\mu)}\Bigg[\dfrac{(z-h)}{R_1^3} + \dfrac{(3-4\mu)(z+h)-6h}{R_2^3} - \dfrac{4(1-\mu)}{R_2(R_2+z+h)} + \\ \qquad \dfrac{6h(z+h)^2}{R_2^5} - \dfrac{6h^2(z+h)}{(1-2\mu)R_2^5}\Bigg] \\[4pt] \sigma_{wz} = \dfrac{F}{8\pi(1-\mu)}\Bigg[-\dfrac{(1-2\mu)(z-h)}{R_1^3} + \dfrac{(1-2\mu)(z-h)}{R_2^3} - \dfrac{3(z-h)^3}{R_1^5} - \\ \qquad \dfrac{3(3-4\mu)z(z+h)^2 - 3h(z+h)(5z-h)}{R_2^5} - \dfrac{30hz(z+h)^3}{R_2^7}\Bigg] \\[4pt] \tau_{zr} = \dfrac{Fr}{8\pi(1-\mu)}\Bigg[-\dfrac{(1-2\mu)}{R_1^3} + \dfrac{(1-2\mu)}{R_2^3} - \dfrac{3(z-h)^2}{R_1^5} - \\ \qquad \dfrac{3(3-4\mu)z(z+h)-3h(3z+h)}{R_2^5} - \dfrac{30hz(z+h)^2}{R_2^7}\Bigg] \end{cases}$$

$$(4-19)$$

其中：

$$R_1 = \sqrt{r^2 + (z-h)^2} \;;\; R_2 = \sqrt{r^2 + (z+h)^2}$$

式中　σ_{wr}——围岩沿锚杆径向应力，MPa；

　　　　$\sigma_{w\varphi}$——围岩沿锚杆环向应力，MPa；

　　　　σ_{wz}——围岩沿锚杆轴向应力，MPa；

　　　　τ_{zr}——围岩沿锚杆剪应力，MPa。

4.3.2.2 半无限体表面作用法向集中力时的围岩应力

设有半空间体，体力不计，在其边界面上受法向集中力 F 作用。这是一个轴对称问题，而对称轴就是集中力 F 的作用线，因此把 z 轴放在集中力 F 的作用线上。坐标原点就是集中力 F 的作用点，运用位移函数法可求得应力解答，即为布辛奈斯克解（Boussinesq 解）。围岩表面受法向集中力作用的力学模型如图 4-8 所示。

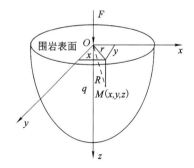

图 4-8　半无限体表面作用法向
集中力的力学模型

$$\begin{cases} \sigma_{wr} = \dfrac{F}{2\pi R^2}\left[\dfrac{(1-2\mu)R}{R+z} - \dfrac{3r^2z}{R^3}\right] \\[3mm] \sigma_{w\varphi} = \dfrac{(1-2\mu)F}{2\pi R^2}\left(\dfrac{z}{R} - \dfrac{R}{R+z}\right) \\[3mm] \sigma_{wz} = -\dfrac{3Fz^3}{2\pi R^5} \\[3mm] \tau_{zr} = \tau_{rz} = -\dfrac{3Fz^2r}{2\pi R^5} \end{cases} \quad (4\text{-}20)$$

其中：

$$R = \sqrt{r^2 + z^2}$$

4.3.2.3 全长锚固锚杆支护围岩初始状态的应力解

对于全长锚固预应力锚杆,在慢速锚固剂固化前将预紧力施加上去,这时,锚杆支护作用就是端部锚固预应力锚杆支护作用,等慢速锚固剂固化以后,就实现了真正的全长锚固预应力锚杆支护与加固作用。根据以上分析可知,全长锚固预应力锚杆支护围岩初始状态的应力解即为式(4-19)和式(4-20)的叠加,如式(4-21)所列。

$$\begin{cases} \sigma_{wr} = \dfrac{F}{2\pi R^2}\left[\dfrac{(1-2\mu)R'}{R+z} - \dfrac{3r^2z}{R^3}\right] - \dfrac{F}{8\pi(1-\mu)}\left[\dfrac{(1-2\mu)(z-l)}{R_1^3} - \dfrac{(1-2\mu)(z+7l)}{R_2^3} + \right. \\[3mm] \qquad \dfrac{4(1-\mu)(1-2\mu)}{R_2(R_2+z+l)} - \dfrac{3r^2(z-l)}{R_1^5} + \dfrac{6l(1-2\mu)(z+l)^2 - 6l^2(z+l)}{R_2^5} - \\[3mm] \qquad \left. \dfrac{3(3-4\mu)r^2(z-l)}{R_2^5} - \dfrac{30lr^2z(z+l)}{R_2^7}\right] \\[3mm] \sigma_{w\varphi} = \dfrac{(1-2\mu)F}{2\pi R^2}\left(\dfrac{z}{R} - \dfrac{R}{R+z}\right) - \dfrac{F(1-2\mu)}{8\pi(1-\mu)}\left[\dfrac{(z-l)}{R_1^3} + \dfrac{(3-4\mu)(z+l)-6l}{R_2^3} - \right. \\[3mm] \qquad \left. \dfrac{4(1-\mu)}{R_2(R_2+z+l)} + \dfrac{6h(z+l)^2}{R_2^5} - \dfrac{6h^2(z+l)}{(1-2\mu)R_2^5}\right] \\[3mm] \sigma_{wz} = -\dfrac{3Fz^3}{2\pi R^5} - \dfrac{F}{8\pi(1-\mu)}\left[-\dfrac{(1-2\mu)(z-l)}{R_1^3} + \dfrac{(1-2\mu)(z-l)}{R_2^3} - \dfrac{3(z-l)^3}{R_1^5} - \right. \\[3mm] \qquad \left. \dfrac{3(3-4\mu)z(z+l)^2 - 3l(z+l)(5z-l)}{R_2^5} - \dfrac{30lz(z+l)^3}{R_2^7}\right] \\[3mm] \tau_{zr} = -\dfrac{3Frz^2}{2\pi R^5} - \dfrac{Fr}{8\pi(1-\mu)}\left[-\dfrac{(1-2\mu)}{R_1^3} + \dfrac{(1-2\mu)}{R_2^3} - \dfrac{3(z-l)^2}{R_1^5} - \right. \\[3mm] \qquad \left. \dfrac{3(3-4\mu)z(z+l) - 3l(3z+l)}{R_2^5} - \dfrac{30lz(z+l)^2}{R_2^7}\right] \end{cases}$$

$$(4\text{-}21)$$

其中：

$$R_1 = \sqrt{r^2 + (z-l)^2}, R_2 = \sqrt{r^2 + (z+l)^2}, R = \sqrt{r^2 + z^2}$$

4.3.2.4 全长锚固锚杆支护围岩最终状态的应力解

考虑全长锚固锚杆受力特点，围岩内部均布力 q 的表达式为：

$$q = -\frac{F}{l} \tag{4-22}$$

将式(4-22)代入式(4-19)和式(4-20)，可以得到全长锚固锚杆支护围岩的应力解为：

$$
\begin{cases}
\sigma_{wr} = \dfrac{F}{2\pi R^2}\left[\dfrac{(1-2\mu)R}{R+z} - \dfrac{3r^2 z}{R^3}\right] + \displaystyle\int_0^l \dfrac{q}{8\pi(1-\mu)}\left[\dfrac{(1-2\mu)(z-h)}{R_1^3} - \dfrac{(1-2\mu)(z+7h)}{R_2^3} + \right. \\[3mm]
\qquad \dfrac{4(1-\mu)(1-2\mu)}{R_2(R_2+z+h)} - \dfrac{3r^2(z-h)}{R_1^5} + \dfrac{6h(1-2\mu)(z+h)^2 - 6h^2(z+h)}{R_2^5} - \\[3mm]
\qquad \left. \dfrac{3(3-4\mu)r^2(z-h)}{R_2^5} - \dfrac{30hr^2 z(z+h)}{R_2^7}\right]\mathrm{d}h \\[4mm]
\sigma_{w\varphi} = \dfrac{(1-2\mu)F}{2\pi R^2}\left(\dfrac{z}{R} - \dfrac{R}{R+z}\right) + \displaystyle\int_0^l \dfrac{q(1-2\mu)}{8\pi(1-\mu)}\left[\dfrac{(z-h)}{R_1^3} + \dfrac{(3-4\mu)(z+h)-6h}{R_2^3} - \right. \\[3mm]
\qquad \left. \dfrac{4(1-\mu)}{R_2(R_2+z+h)} + \dfrac{6h(z+h)^2}{R_2^5} - \dfrac{6h^2(z+h)}{(1-2\mu)R_2^5}\right]\mathrm{d}h \\[4mm]
\sigma_{wz} = -\dfrac{3Fz^3}{2\pi R^5} + \displaystyle\int_0^l \dfrac{q}{8\pi(1-\mu)}\left[-\dfrac{(1-2\mu)(z-h)}{R_1^3} + \dfrac{(1-2\mu)(z-h)}{R_2^3} - \dfrac{3(z-h)^3}{R_1^5} - \right. \\[3mm]
\qquad \left. \dfrac{3(3-4\mu)z(z+h)^2 - 3h(z+h)(5z-h)}{R_2^5} - \dfrac{30hz(z+h)^3}{R_2^7}\right]\mathrm{d}h \\[4mm]
\tau_{zr} = -\dfrac{3Frz^2}{2\pi R^5} + \displaystyle\int_0^l \dfrac{qr}{8\pi l(1-\mu)}\left[-\dfrac{(1-2\mu)}{R_1^3} + \dfrac{(1-2\mu)}{R_2^3} - \dfrac{3(z-h)^2}{R_1^5} - \right. \\[3mm]
\qquad \left. \dfrac{3(3-4\mu)z(z+h) - 3h(3z+h)}{R_2^5} - \dfrac{30hz(z+h)^2}{R_2^7}\right]\mathrm{d}h
\end{cases}
$$

$$\tag{4-23}$$

其中：

$$R_1 = \sqrt{r^2 + (z-h)^2}; R_2 = \sqrt{r^2 + (z+h)^2}; R = \sqrt{r^2 + z^2}$$

4.4　全长锚固围岩沿锚杆轴向应力分布规律

4.4.1　不同锚杆长度围岩沿锚杆轴向应力分布规律

为了研究锚杆长度对锚固围岩沿锚杆轴向应力的影响,取泊松比 $\mu=0.25$,预紧力 $P=50$ kN, $r=0.5$ m, $z=0.5$ m,锚杆长度 l 分别取 0.8 m、1 m、1.2 m、1.5 m、2 m、2.2 m、2.4 m 进行分析。

4.4.1.1　初始状态分析

锚杆预紧力使岩层受到压缩应力的作用产生压缩区,这种压缩不但包括锚杆轴向的压缩作用,同时也包括垂直于锚杆轴向的径向和环向挤压作用。在压缩应力作用下,围岩在锚杆轴向上产生压缩变形,在垂直锚杆安装方向上产生径向和环向扩张变形,这种径向扩张变形受围岩的约束作用,进而产生径向和环向挤压应力。在压应力的作用下,锚固范围内的围岩将形成一定的强化压缩区域,从而使得围岩承载能力以及自身稳定性得以提高。由于环向挤压应力的作用对围岩影响较小,因此只考虑锚杆轴向的压缩作用和径向的挤压作用,即只分析沿锚杆轴向和径向的围岩应力变化规律。

图 4-9 给出了在 xOz 平面上,不同锚杆长度围岩沿锚杆轴向的压应力分布云图(初始状态);图 4-10 给出了 $r=0.5$ m 时,不同锚杆长度围岩沿锚杆轴向应力随距围岩表面距离变化曲线(初始状态);图 4-11 给出了 $z=0.5$ m 时,不同锚杆长度围岩沿锚杆轴向应力随距锚杆径向距离变化曲线(初始状态)。由图 4-9~图 4-11 可知:

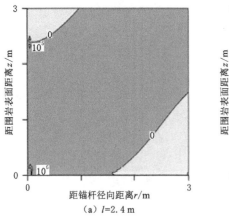
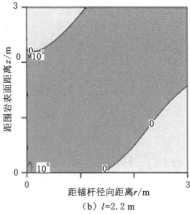

图 4-9　不同锚杆长度围岩沿锚杆轴向的压应力分布云图

(初始状态,深灰色区域为受压区)

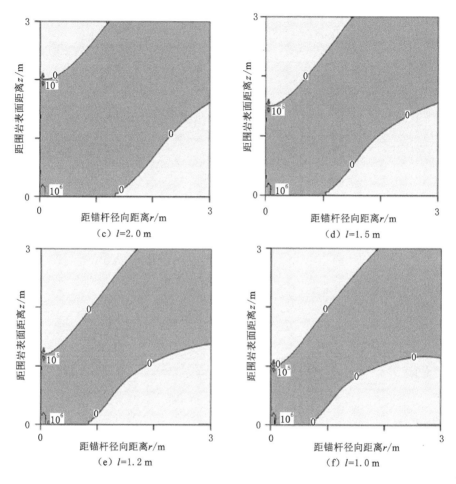

图 4-9（续）

　　在锚杆作用范围内,锚杆对围岩产生轴向压缩作用,且压应力随着距围岩表面距离的增加而先增大后减小,压应力最大值处在距离围岩表面 0.6 m 左右的位置,且随着锚杆长度增大,围岩沿锚杆轴向压应力区范围增大,压应力最大值并不是一直增大的,而在锚杆长度为 1.2 m 和 1.5 m 时最大,其位置沿远离围岩表面方向移动,但移动范围很小;超过锚杆作用范围的围岩受拉区域,为拉应力区,围岩拉应力随着距围岩表面距离的增加而先增大后逐渐减小,但拉应力区范围随锚杆长度增大而变大。

　　随着距锚杆的径向距离的增大,围岩沿锚杆轴向压应力逐渐减小,但压应力区逐渐扩大;当距锚杆径向距离超过 0.5 m 时,围岩压应力较小,当径向距离达

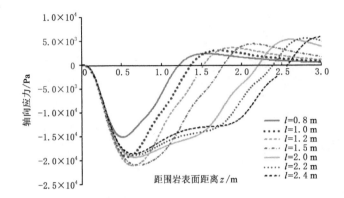

图 4-10　不同锚杆长度围岩沿锚杆轴向应力随距围岩表面距离变化曲线
（初始状态）

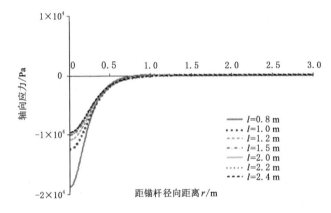

图 4-11　不同锚杆长度围岩沿锚杆轴向应力随距锚杆径向距离变化曲线
（初始状态）

到 1.0 m 时，围岩压应力接近零；锚杆长度越小，沿锚杆轴向压应力值越大，围岩沿锚杆轴向应力随着距锚杆径向距离增大，其作用范围也大；当距锚杆径向距离达到 0.5 m 时，不同长度锚杆压应力值基本相同。因此，锚杆长度越小，锚杆径向加固围岩效果越好。

4.4.1.2　最终状态分析

图 4-12 给出在 xOz 平面上，不同锚杆长度围岩沿锚杆轴向的压应力分布图（最终状态）；图 4-13 给出了 $r=0.5$ m 时，不同锚杆长度围岩沿锚杆轴向应力随距围岩表面距离变化规律（最终状态）；图 4-14 给出了 $z=0.5$ m 时，不同锚杆长度围岩沿锚杆轴向应力随距锚杆径向距离变化曲线（最终状态）。由图 4-12～图 4-14 可知：

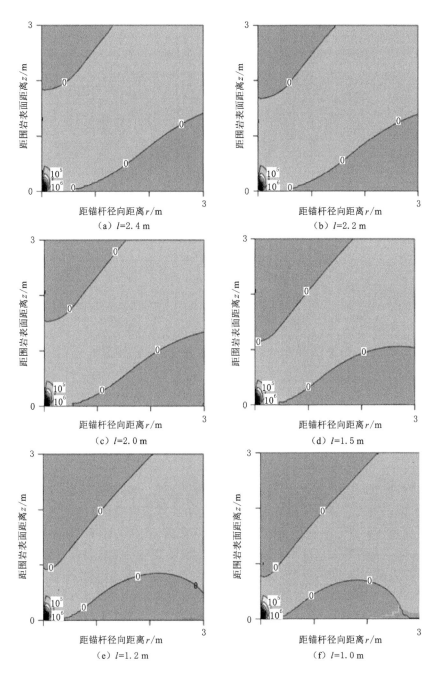

图 4-12 不同锚杆长度围岩沿锚杆轴向的压应力分布图

（最终状态，图中浅灰色区域为受压区）

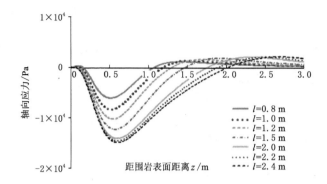

图 4-13　不同锚杆长度围岩沿锚杆轴向应力随距围岩表面距离变化曲线
（最终状态）

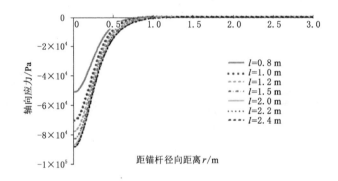

图 4-14　不同锚杆长度围岩沿锚杆轴向应力随距锚杆径向距离变化曲线
（最终状态）

　　在锚杆作用范围内，围岩沿锚杆轴向受压，压应力随着距围岩表面距离的增加而呈现先增大后减小的趋势，压应力最大值处在距离围岩表面 0.6 m 左右的位置，在锚杆作用范围以外，围岩沿锚杆轴向受拉，拉应力随着距围岩表面距离的增加而先增大后逐渐减小；随着锚杆长度增大，围岩沿锚杆轴向压应力范围增大，压应力最大值增加，但压应力最大值的位置基本不变，移动范围较小。

　　沿锚杆径向方向上，在锚杆作用范围内围岩受压，压应力随着距锚杆径向距离的增加而逐渐减小；当距锚杆径向距离达到 0.5 m 时，围岩沿锚杆轴向应力较小；当距锚杆径向距离达到 1.0 m 时，围岩沿锚杆轴向压应力接近零；随着锚杆长度的增大，压应力值及作用范围增大。

4.4.2 不同预紧力作用围岩沿锚杆轴向应力分布规律

锚杆长度 l 取 20 m,锚杆预紧力 P 取 10 kN、20 kN、30 kN、40 kN、50 kN、60 kN、80 kN、100 kN,分析了不同预紧力全长锚固锚杆支护条件下,其围岩沿锚杆轴向应力分布规律。

4.4.2.1 初始状态分析

图 4-15 为不同预紧力作用围岩沿锚杆轴向的压应力分布云图(初始状态);图 4-16 给出了 $r=0.5$ m 时,不同预紧力作用围岩沿锚杆轴向应力随距围岩表面距离变化曲线(初始状态);图 4-17 给出了 $z=0.5$ m 时,不同预紧力作用围岩沿锚杆轴向应力随距锚杆径向距离变化曲线(初始状态)。由图 4-15～图 4-17 可知:

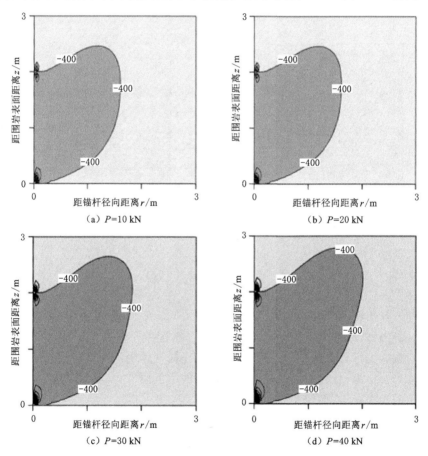

图 4-15　不同预紧力作用围岩沿锚杆轴向的压应力分布云图
(初始状态,图中深灰色区域为受压区)

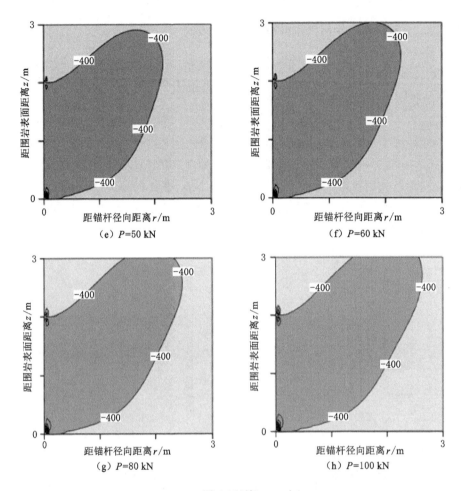

（e）P=50 kN （f）P=60 kN

（g）P=80 kN （h）P=100 kN

图 4-15（续）

在锚杆作用范围内,围岩沿锚杆轴向应力为压应力,随着距围岩表面距离的增大,围岩沿锚杆轴向压应力先增大后减小;随着锚杆预紧力的增大,围岩沿锚杆轴向压应力增大且压应力范围不断增大;在锚杆作用范围以外,围岩沿锚杆轴向应力为拉应力,且拉应力随着锚杆预紧力的增大而增大,随着距围岩表面距离的增大而逐渐减小,但拉应力作用范围增大。

在锚杆径向方向上,围岩沿锚杆轴向应力为压应力,且随着距锚杆径向距离的增大而逐渐减小;当距锚杆径向距离达到 0.5 m 时,围岩沿锚杆轴向压应力很小,当距锚杆径向距离大于 1 m 时,轴向压应力基本接近零;随着锚杆预紧力的增大,围岩沿锚杆轴向压应力增大,且压应力作用范围也增大。

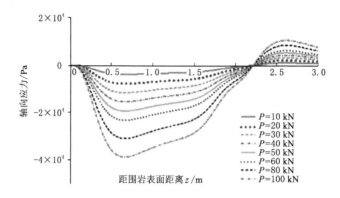

图 4-16　不同预紧力作用围岩沿锚杆轴向应力随距围岩表面距离变化曲线
（初始状态）

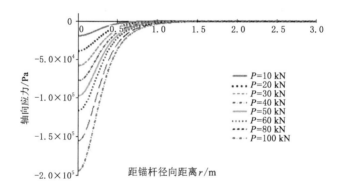

图 4-17　不同预紧力作用围岩沿锚杆轴向应力随距锚杆径向距离变化曲线
（初始状态）

4.4.2.2　最终状态分析

图 4-18 为不同预紧力作用围岩沿锚杆轴向的压应力分布云图（最终状态）；图 4-19 给出了 $r=0.5$ m 时，不同预紧力作用围岩轴向应力随距围岩表面距离的变化曲线（最终状态）；图 4-20 给出了 $z=0.5$ m 时，不同预紧力作用围岩轴向应力随距锚杆径向距离的变化曲线（最终状态）。由图 4-18～图 4-20 可知：

同一锚杆长度，尽管锚杆预紧力不同，但围岩轴向应力分布趋势是一致的，在锚杆作用范围内，围岩轴向应力为压应力；随着锚杆预紧力的增大，围岩沿锚杆轴向压应力增大；随着距围岩表面距离的增加，围岩沿锚杆轴向压应力先增大后减小，其最大值在距离围岩表面 0.6 m 处。在锚杆作用范围以外，围岩沿锚杆轴向应力为拉应力,其随着锚杆预紧力的增大而增大,随着距围岩表面距离的增加而先增大后逐渐减小。

随着锚杆预紧力的增大,围岩沿锚杆轴向压应力增大,随着距锚杆径向距离的增大,围岩沿锚杆轴向压应力逐渐减小;当距锚杆径向距离为 0.75 m 时,围岩沿锚杆轴向压应力接近零。同一锚杆长度,尽管预紧力不同,但应力分布趋势基本一致,只是围岩沿锚杆轴向压应力值的大小不一样,径向距离大于 0.75 m 时围岩沿锚杆轴向应力基本不变。

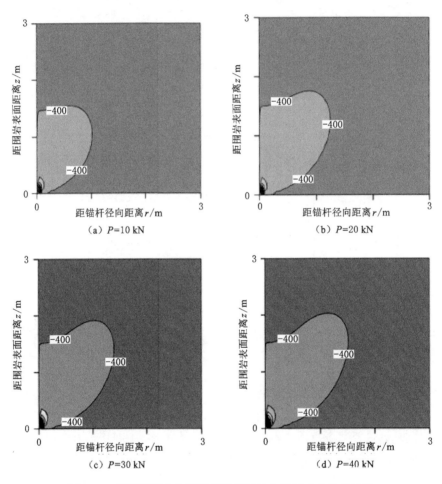

图 4-18　不同预紧力作用围岩沿锚杆轴向的压应力分布云图

(最终状态,图中浅灰色区域为受压区)

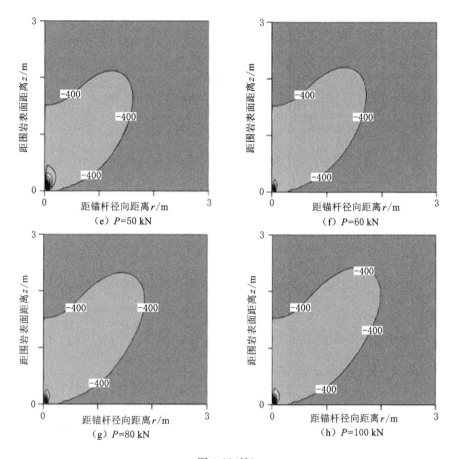

（e）$P=50$ kN

（f）$P=60$ kN

（g）$P=80$ kN

（h）$P=100$ kN

图 4-18（续）

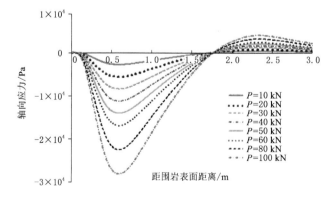

图 4-19 不同预紧力作用围岩沿锚杆轴向应力随距围岩表面距离变化曲线

（最终状态）

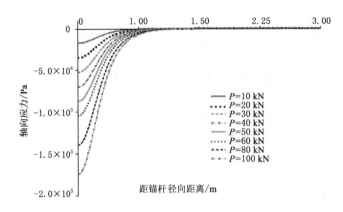

图 4-20　不同预紧力作用围岩沿锚杆轴向应力随距锚杆径向距离变化曲线
（最终状态）

4.5　全长锚固围岩沿锚杆径向应力分布规律

4.5.1　不同锚杆长度围岩沿锚杆径向应力分布规律

4.5.1.1　初始状态分析

图 4-21 为不同锚杆长度围岩沿锚杆径向的压应力分布云图（初始状态）；图 4-22 给出了 $r=0.5$ m 时,不同锚杆长度围岩沿锚杆径向应力随距围岩表面距离的变化曲线（初始状态）；图 4-23 给出了 $z=0.5$ m 时,不同锚杆长度围岩沿锚杆径向应力随距锚杆径向距离的变化曲线（初始状态）。由图 4-21～图 4-23 可知:

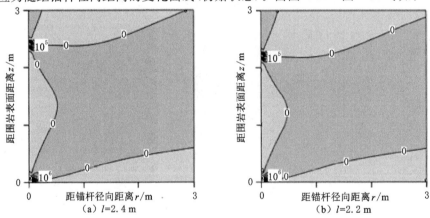

图 4-21　不同锚杆长度围岩沿锚杆径向的压应力分布云图
（初始状态,图中深灰色区域为受压区）

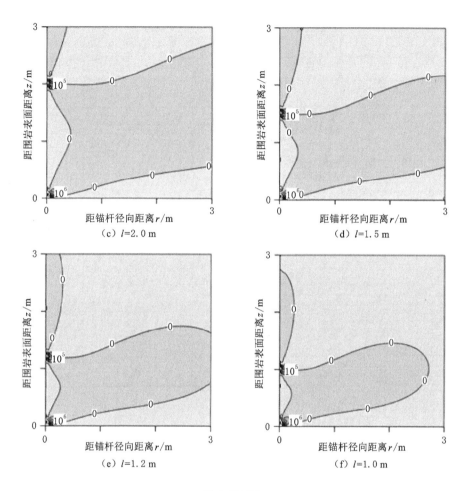

图 4-21(续)

在锚杆作用范围内,围岩沿锚杆径向应力在围岩浅部是拉应力,浅部围岩受拉,随着距围岩表面距离的增加,围岩沿锚杆径向拉应力逐渐减小;在距离围岩表面 0.1 m 处围岩沿锚杆径向应力为零,当距围岩表面距离大于 0.1 m 时,围岩沿锚杆径向应力变为压应力;随着锚杆长度的增大,围岩径向压应力的范围增大,但变化趋势基本一致,围岩沿锚杆径向压应力最大值在距离围岩表面 0.4 m 处。在锚杆作用范围以外,围岩沿锚杆径向应力又变为拉应力,且拉应力随距围岩表面距离的增大而先增大后逐渐减小。

在锚杆作用范围内,在距锚杆径向距离较小时,围岩径向应力为拉应力,在距锚杆径向距离为 0.2 m 时,围岩沿锚杆径向应力为零,在距锚杆径向距离大于 0.2 m 时,围岩沿锚杆径向应力变为压应力。随着锚杆长度的增大,围岩沿

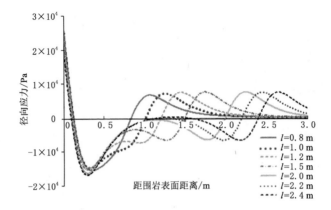

图 4-22　不同锚杆长度围岩沿锚杆径向应力随距围岩表面距离的变化曲线
（初始状态）

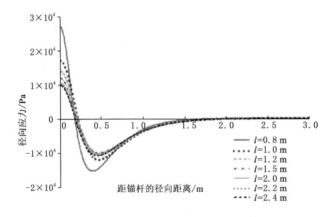

图 4-23　不同锚杆长度围岩沿锚杆径向应力随距锚杆径向距离的变化曲线
（初始状态）

锚杆径向拉应力减小,拉应力最大值处在锚杆杆体附近;围岩沿锚杆径向压应力最大值在距锚杆径向距离为 0.5 m 处,围岩沿锚杆径向压应力随距锚杆径向距离的增大而先增大后减小;不同锚杆长度,围岩沿锚杆径向应力分布趋势基本一致,锚杆越长,围岩沿锚杆径向应力分布范围越大。

4.5.1.2　最终状态分析

图 4-24 为不同锚杆长度围岩沿锚杆径向的压应力分布云图（最终状态）;图 4-25 给出了 $r=0.5$ m 时,不同锚杆长度围岩沿锚杆径向应力随距围岩表面距离的变化曲线（最终状态）;图 4-26 给出了 $z=0.5$ m 时,不同锚杆长度围岩沿锚杆径向应力随距锚杆径向距离的变化曲线（最终状态）。由图 4-24～图 4-26 可知:

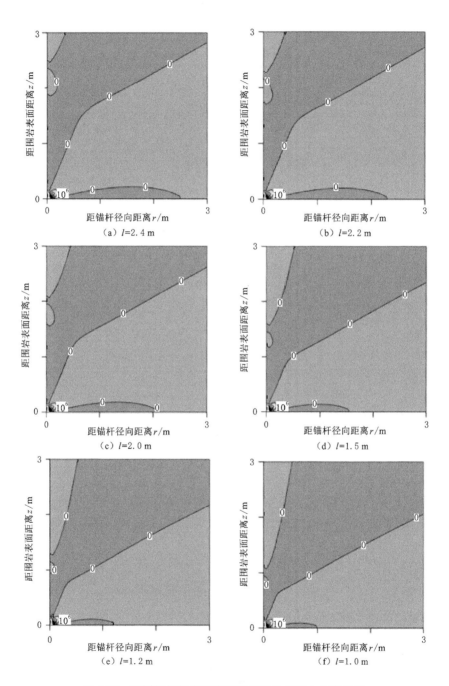

图 4-24　不同锚杆长度围岩锚杆径向的压应力分布云图
（最终状态，图中浅灰色区域为受压区）

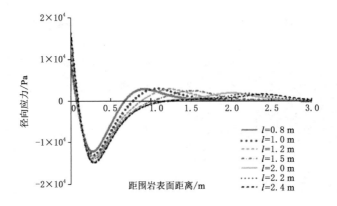

图 4-25　不同锚杆长度围岩沿锚杆径向应力随距围岩表面距离变化曲线
（最终状态）

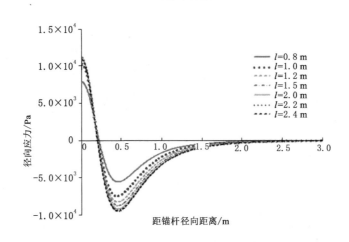

图 4-26　不同锚杆长度围岩沿锚杆径向应力随距锚杆径向距离变化曲线
（最终状态）

　　锚杆支护作用下，随距围岩表面距离的增大，围岩先受拉再受压最后又变成受拉。在 $z=0.1$ m 以内，围岩受拉，随锚杆长度增大，在距离围岩表面 0.1 m 以内，受拉区域基本不变；当距围岩表面距离大于 0.1 m 时，围岩沿锚杆径向应力为压应力，围岩受压，但受压区域则随锚杆长度和距围岩表面距离的增大而扩大；当锚杆长度为 0.8 m 时，围岩受拉区在距围岩表面距离为 0.6 m 处，当锚杆长度为 2.0 m 时，受压区域增大到距围岩表面距离为 1.3 m 处；随着锚杆长度的增大，围岩沿锚杆径向应力增大，但压应力最大值的位置基本不变，基本都在 $z=0.4$ m 处。在锚杆作用范围以外，围岩沿锚杆径向应力为拉应力，围岩受拉，且随着距围岩表面距离的增大而先增大后逐渐减小。

随着锚杆长度的增大，围岩沿锚杆径向应力增大，但其变化趋势基本一致；围岩沿锚杆径向应力随着距锚杆径向距离不断变化，在 $r=0.2$ m 以内是拉应力区，在 $r=0.2$ m 以外是压应力区，拉应力随着距锚杆径向距离的增大而逐渐减小，压应力随着距锚杆径向距离的增大而先增大后逐渐减小，压应力最大值在距锚杆径向距离为 0.5 m 处；锚杆长度变化，围岩沿锚杆径向压应力最大值位置基本不变。

4.5.2　不同预紧力作用围岩沿锚杆径向应力分布规律

4.5.2.1　初始状态分析

由图 4-27～图 4-29 可知：

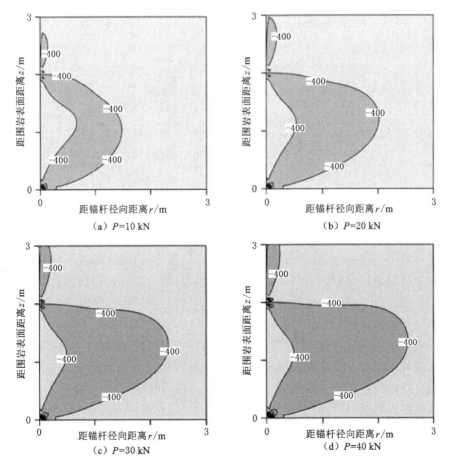

图 4-27　不同预紧力作用围岩沿锚杆径向应力分布云图

（初始状态，图中深灰色区域为受压区）

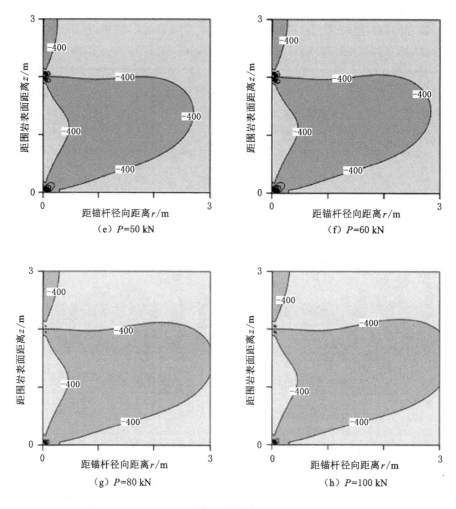

图 4-27(续)

随着锚杆预紧力的增大,围岩沿锚杆径向应力增大,但应力变化趋势基本一致。随着距围岩表面距离的增大,围岩沿锚杆径向应力作用使围岩呈现受拉—受压—受拉的分布特征,靠近锚杆附近围岩受拉,其拉应力随着距围岩表面距离的增大而逐渐减小,在距围岩表面距离为 0.1 m 处,减小为零,然后围岩变为受压状态。围岩沿锚杆径向压应力随着距围岩表面距离的增大而呈现先增大后减小再增大再减小的趋势。围岩沿锚杆径向压应力最大值在距围岩表面距离为 0.25 m 处;在距离围岩表面 2 m 以外的围岩受拉,随距离围岩表面距离的增加,围岩沿锚杆径向拉应力先增大后减小。

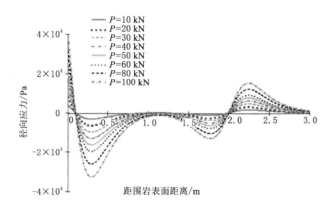

图 4-28 不同预紧力作用围岩沿锚杆径向应力随距围岩表面距离变化曲线
（初始状态）

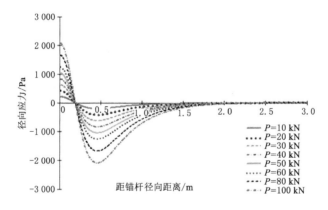

图 4-29 不同预紧力作用围岩沿锚杆径向应力随距锚杆径向距离变化曲线
（初始状态）

随着锚杆预紧力的增大，围岩沿锚杆径向应力增大，但围岩沿锚杆径向应力在锚杆径向作用范围基本一致；随着距锚杆径向距离的增大，围岩在锚杆径向方向是先拉再受压，围岩拉应力逐渐减小，围岩压应力先增大后逐渐减小，围岩径向压应力最大值在距锚杆径向距离为 0.5 m 处。

4.5.2.2 最终状态分析

由图 4-30～图 4-32 可知：

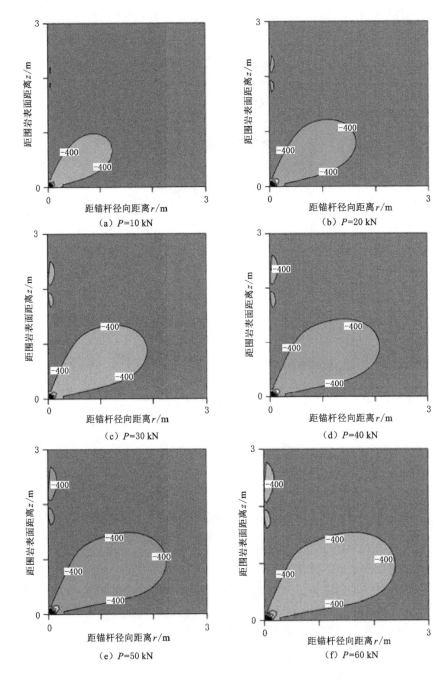

图 4-30　不同预紧力作用围岩沿锚杆径向应力分布云图
（最终状态，图中浅灰色区域为受压区）

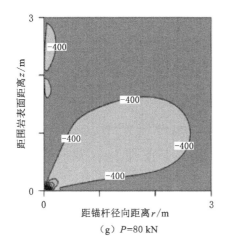

（g）P=80 kN

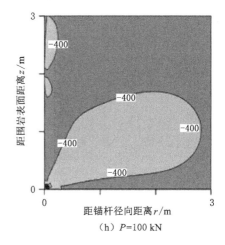

（h）P=100 kN

图 4-30（续）

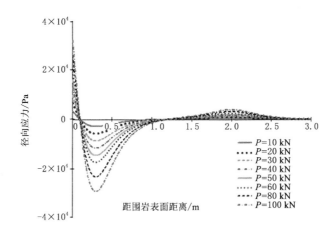

图 4-31 不同预紧力作用围岩沿锚杆径向应力随距围岩表面距离的变化曲线
（最终状态）

　　随着锚杆预紧力的增大，围岩沿锚杆径向应力增大，且其变化规律基本一致；随着距围岩表面距离的增大，围岩沿锚杆径向应力呈现拉应力—压应力—拉应力的变化过程；在距离围岩表面 0.1 m 以内，围岩受拉，其拉应力随着距岩表面距离的增大而逐渐减小；随着距围岩表面距离的进一步增大，围岩沿锚杆径向应力为压应力，且呈现先增大后减小的趋势，其最大值在距离围岩表面 0.25 m 处，压应力区域为距离围岩表面 0.1～1.2 m；当距围岩表面距离超过

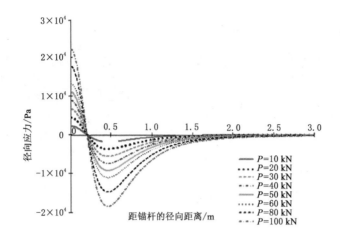

图 4-32　不同预紧力作用围岩沿锚杆径向应力随距锚杆径向距离的变化曲线
（最终状态）

1.2 m时,围岩沿锚杆径向应力变为拉应力,拉应力随着距围岩表面距离的增大而先增大后减小。

随着距锚杆径向距离的增大,围岩沿锚杆径向应力先为拉应力再变为压应力,拉应力逐渐减小,压应力先增加后减小,压应力最大值在距锚杆径向距离为0.5 m处,当距锚杆径向距离为1 m时,围岩沿锚杆径向压应力接近零;随着锚杆预紧力的增大,围岩沿锚杆径向应力及其作用范围增大,但其最大值的位置不变。

4.6　本章小结

本章根据软岩巷道支护存在的问题提出了让压壳的概念,并给出了让压壳结构的形成条件、支护作用特点及要求、支护内涵;基于弹塑性理论建立了全长锚固预应力锚杆支护杆体受力计算模型,推导出锚杆杆体轴向应力及剪应力的计算式,并分析了锚杆预紧力、长度、直径对锚杆杆体轴向应力及剪应力的影响规律;建立了全长锚固预应力锚杆支护与加固围岩力学模型,推导出全长锚固预应力锚杆支护作用下,初始状态和最终状态围岩沿锚杆轴向、径向、环向应力的计算式,并分析了锚杆预紧力、长度对全长锚固预应力锚杆支护围岩应力的影响规律。具体结论如下:

（1）根据软岩巷道支护存在的问题,针对高应力泥化软岩巷道围岩应力与变形特点,改变传统的支护理念,从改变围岩结构、提高围岩残余强度、降低围岩应力的角度提出了让压壳的概念,并给出了让压壳结构的形成条件、支护作用特点和要求、支护内涵。

(2)基于弹塑性理论建立了全长锚固预应力锚杆支护杆体受力计算模型,推导出全长锚固预应力锚杆支护杆体轴向应力和剪应力计算式。从锚杆尾部向锚杆端部方向:锚杆杆体轴向应力先增大后减小,呈曲线变化,锚杆轴向应力的最大值处在杆体中间某部位;锚杆杆体剪应力先减小后增大,在轴向应力最大处,剪应力改变方向,此处剪力为零。

(3)随着杆体直径的增大,杆体轴向应力越小,锚杆尾部剪应力越大,但锚杆端部剪应力越小;相同预紧力作用下,锚杆长度为 1.6 m、直径为 16 mm,其杆体轴向应力和剪应力小于锚杆长度为 2.4 m、直径为 20 mm 的锚杆杆体轴向应力和剪应力。在一定围岩条件下,并不是锚杆越长支护效果越好,锚杆越长杆体轴向应力及剪应力越大,锚杆越容易破坏。合理的锚杆长度要根据围岩具体条件以及支护需要来确定,从杆体受力的角度说,短细锚杆支护效果更可靠。

(4)预紧力越大杆体轴向应力增大,锚杆杆体尾部剪应力越大,但端部剪应力越小。轴向应力最大值位置向锚杆尾端移动,但移动范围很小。锚杆预紧力不是越大越好,而是应该有一个合理的范围,预紧力大小要与锚杆支护体系相匹配。过高的预紧力可能造成锚杆扭曲,甚至屈服变形、被拉断以及托盘被压坏等问题,从而造成锚杆支护系统失效;过低的预紧力可能造成锚杆不能实现真正的主动支护,不能及时抑制围岩离层与滑动。

(5)考虑全长锚固预应力锚杆支护作用特点,建立了全长锚固预应力锚杆支护作用力学模型,推导出初始状态和最终状态沿锚杆轴向、径向和环向的围岩应力计算式。锚杆对围岩产生轴向压缩作用,轴向应力随着距围岩表面距离的增大而呈现先增大后减小的变化规律,在围岩表面一侧锚杆中部附近的位置轴向应力最大;轴向应力随着距锚杆径向距离的增大而逐渐减小,有效作用半径在 1.0 m 以内。

(6)围岩沿锚杆径向的应力在围岩浅部是拉应力,其随着距围岩表面距离的增大而逐渐减小为零,围岩沿锚杆径向应力变为压应力,其随着距围岩表面距离的增大而先增大后减小,围岩沿锚杆径向压应力随距锚杆径向距离的增大而先增大后减小,径向应力最大值在距锚杆径向距离为 0.5 m 处,当距围岩表面距离为 0.5 m 以内时,有效作用半径为 1.0 m。从加固作用的角度说,锚杆越长,围岩沿锚杆轴向应力和径向应力越大,对围岩的加固效果越好;从预应力扩散的角度说,锚杆越长,围岩沿锚杆轴向应力和径向应力越小;在正常使用的锚杆长度范围内,锚杆越短,围岩沿锚杆轴向应力和径向应力在径向上的作用效果越好,预应力扩散效果好。锚杆支护密度大时其控制效果好,但过大的支护密度会对围岩造成一定的破坏,反而会影响围岩的稳定性。

5 让压壳-网壳耦合支护原理与技术

现有的支护理论难以指导高应力软岩巷道支护设计,采用传统的支护技术与方法无法控制高应力泥化软岩巷道的有害变形,难以保证巷道长期安全稳定。因此,迫切需要研究与发展新的软岩巷道支护理论与技术,为高应力泥化软岩巷道控制设计奠定理论基础。本章在分析现有支护理论与技术适用条件及存在的问题的基础上,针对高应力泥化软岩巷道围岩应力与变形破坏特征,以及网壳支架结构及作用特点,提出了软岩巷道让压壳-网壳耦合支护原理与技术,并分析了让压壳-网壳耦合支护原理,给出了围岩控制技术与方法、支护原则与对策、技术关键等;确定了某矿-850 m 东皮带大巷预留让压空间大小,采用 FLAC 软件分析了锚杆长度与密度对巷道变形控制作用,为高应力泥化软岩巷道支护设计提供参考依据。

5.1 网壳支架结构及作用特点

根据壳体结构的特点,汲取地面大跨度网壳结构物的优点,制成一种特殊的钢筋网壳支架。网壳支架是矿山巷道及隧道等地下工程的一种轻型、高支撑力的三维支护结构。它将通常的金属棚子、钢筋梁、架间连接杆等各部分合并为整体,节约结构材料。网壳支架具有很好的空间传力性能,具有壳体受力特点好、强度高的优点。它能以较小的网壳构件厚度形成承载力高、刚度大的承重结构,能覆盖或维护大跨度空间而不需要中间支柱,能兼承载结构和围护结构的双重作用。

网壳支架可对巷道进行连续支护,架与架之间互相拼接,不留间隙。网壳支架本身有一定的柔性让压性能,同时,在构件对接处设置木垫板,支架具有一定的可缩性,以释放一部分围岩压力。地层压力经过外层钢筋网分散为空间力系,外层钢筋网为弧面钢筋网或者平面钢筋网,可与巷道表面贴合,内层钢筋网为拱形网或多跨连续拱形网,并由它对外层钢筋网提供跨内支撑。各种钢筋又在空间交叉组合,形成了众多小跨度空间拱架,从而使结构整体具有良好的三维稳定性及较强的承载能力。

5.2 让压壳-网壳耦合支护原理与技术关键

5.2.1 让压壳-网壳耦合支护原理与控制方法

5.2.1.1 让压壳-网壳耦合支护原理

高应力泥化软岩巷道变形破坏的主要原因：一是高应力作用下围岩初期剧烈的碎胀变形；二是巷道围岩初期变形剧烈、变形速度快，围岩具有长期流变特性；三是围岩强度低、泥化软弱易风化剥落，加之断面效应，造成局部应力集中，引起局部失稳破坏，高应力泥化软岩巷道经常需要返修多次，但控制效果仍然不理想。针对高应力泥化软岩巷道变形破坏特征，本书提出让压壳-网壳耦合支护控制围岩的有害变形，确保巷道长期稳定。

让压壳-网壳耦合支护的核心思想：改变巷道浅部围岩结构，充分发挥围岩的自承能力，合理预留让压空间，一次柔性让压与二次高阻可缩支架抗压相结合，使一次支护形成的让压壳与二次支护的网壳衬砌支架在强度、刚度、结构上达到完全耦合。

让压壳-网壳耦合支护原理（图 5-1）：巷道开挖后及时进行一次支护，利用薄壳具有受力形态好、强度高、厚度薄且均匀的优点，使巷道浅部围岩形成均匀受压、强度高、厚度薄且均匀、整体移动变形的全封闭壳体结构，其主要作用是承载让压，简称让压壳。让压壳必须保证壳体在不失稳的情况下充分释放的变形能，控制巷道围岩初期剧烈的变形，保证巷道的初期稳定。预留让压空间要能够完全吸收围岩释放变形能，保证让压壳与支架完全耦合，二次支护采用网壳衬砌支

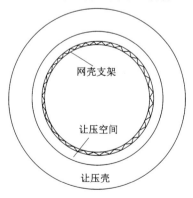

图 5-1　让压壳-网壳耦合支护原理图

架控制巷道围岩的长期流变,确保巷道长期稳定。在让压壳变形过程中,应力集中可能造成让压壳局部受力较高而发生破坏,在可能首先发生破坏的部位安装锚索,其锚索作用机理如下:

(1) 锚索将让压壳结构与深部围岩相连,提高让压壳结构的稳定性;

(2) 锚索充分调动深部围岩的强度,使巷道围岩应力向深部围岩转移,减小围岩应力集中对让压壳的破坏;

(3) 锚索施加较大预紧力,挤紧和压密作用范围内的围岩体,增大围岩体的抗剪切力,进而提高围岩的整体性。

5.2.1.2 让压壳-网壳耦合支护技术与方法

某矿-850 m东皮带大巷高应力泥化软岩巷道是典型的高应力大变形巷道,变形时间长、变形速度大,具有显著的时间和空间效应,巷道开挖后会形成"三区"分布,即弹性区、塑性区和破裂区。直接支护对象是围岩破裂区(破裂区半径较大,在4 m以上)。采用常规的一次支护手段显然是不行的,即使不惜成本,支护效果也并不理想,因此应采用让压壳-网壳耦合支护技术与方法控制巷道的有害变形。-850 m东皮带大巷让压壳-网壳耦合支护技术与方法如图5-2所示。

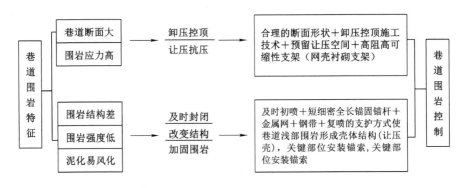

图5-2 -850 m东皮带大巷让压壳-网壳耦合支护技术与方法

根据某矿-850 m东皮带大巷围岩工程地质条件,以及原支护存在的问题,结合围岩应力与变形破坏特征,改变断面形状,减小断面效应造成的应力集中,确定合理的断面尺寸。采用分层导硐卸压控顶施工技术和光面爆破的方法进行断面施工,巷道掘出后,及时对巷道围岩喷射混凝土(混凝土标号比较低,属于柔性喷层),封闭围岩,防止围岩风化、潮解、膨胀,维护围岩原有强度;初凝后,安装预应力锚杆铺设金属网,然后再进行复喷形成一次支护的锚网喷支护体系。锚杆与锚杆会产生相互挤压作用,借助喷层和金属网、钢带、托盘等组合构件对破碎围岩产生一定维护作用,使其不被挤出,并使围岩与锚杆之间产生切向作用力,保持支护区域的完整性。这个一次支护形成的完整压缩区域即让压壳。高应力泥化软岩巷道围岩在让压壳的作用下释放围岩变形能,在让压壳首先发生破坏的部位补打锚索,保持让压壳的完整性。当让压壳变形到预留让压空间的70%左右时,架设三维网壳支架,在网壳支架与围岩表面的空隙里采用沙袋或木板充填,再喷射混凝土,形成网壳衬砌永久支护结构。

5.2.2　让压壳-网壳耦合支护原则与控制对策

本书基于让压壳-网壳耦合支护原理,受"以柔克刚、刚柔并济"的哲学思想的启迪,提出了"改变巷道浅部围岩结构、断面施工卸压、一次支护让压、二次支护抗压"的支护理念和"限压让压、让压抗压、限让适度、让抗协调"的支护原则,以及"合理断面形状、卸压控顶施工技术、浅部围岩形成让压壳、预留让压空间、关键部位锚索补强、网壳衬砌支架"的控制对策。

5.2.2.1　围岩结构效应支护原则与对策

巷道围岩的变形破坏很大程度上是围岩结构的破坏,围岩结构尤其是浅部围岩结构是影响巷道稳定性的关键因素之一。由于高应力泥化软岩巷道围岩埋深大,加之受构造应力的影响,围岩应力高、强度低,巷道开挖后围岩破裂区范围比较大,因此必须改变巷道浅部围岩结构,通过一次支护使巷道浅部围岩成为强度高、厚度薄的让压壳支护结构,充分发挥浅部围岩的自承载能力,通过让压壳的整体收缩变形,才能在确保围岩稳定的前提下充分释放围岩的变形能。

5.2.2.2　让抗协调二次支护原则与对策

采用常规的一次支护理论与技术无法确保高应力泥化软岩巷道围岩的稳定性,必须先采用一次让压壳支护,允许巷道变形释放巨大的变形能,再采用高阻可缩性大的网壳支架进行二次支护限制围岩变形速度和变形量,最终控制住巷道围岩的有害变形,保证高应力泥化软岩巷道的长期稳定。但一次让压壳支护让压,允许巷道变形量不能超过预留让压空间的大小,让压壳支护限压让压,二次网壳衬砌支架支护让压抗压,限让适度、让抗协调。

5.2.2.3　预留让压空间支护原则与对策

为了使巷道围岩较高的应力大大降低,必须按设计的预留让压空间刷大断面,允许围岩适量的变形,释放大量的变形能。通过预留让压空间吸收巨大的变形能,为防止外部网壳支架受力不均,造成支架局部受力过大而破坏,应尽可能使网壳支架均匀受载,并缓解变形压力对网壳支架的冲击。巷道变形量达到预留让压空间的70%以上时,进行二次网壳支护,按设计位置架设网壳支架,对支架与围岩的间隙(剩余的预留让压空间)进行充填,充填材料的强度和刚度较低,使预留让压空间既可以起到变形空间的作用,又能缓解变形压力对支护的冲击,使网壳支架受力均匀。

5.2.2.4 合理掘进施工方式支护原则与对策

对于大断面高应力泥化软岩巷道,断面掘进采用全断面一次施工时,因围岩应力高及断面较大,支护施工及支护难度较大,采用分层导硐施工方法,先超前掘进顶部一个小断面再掘进其余断面,先超前掘进顶部一个小断面,由于小断面支护难度降低,另外开挖出的小断面可以释放一部分围岩变形能,降低围岩应力,降低下部断面的掘进与支护难度,从而达到卸压控顶和施工方便的目的。

5.2.2.5 合理断面效应支护原则与对策

巷道断面形状是影响巷道围岩稳定性的关键因素之一,巷道断面形状及尺寸的选择是支护设计成败的关键因素之一。对于岩石巷道,通常采用直墙半圆拱形断面,此断面形状主要适用于顶压大、侧压小、无底鼓的围岩条件;然而某矿－850 m东皮带大巷顶压大,侧压也大(侧压系数为1.5),底鼓严重,显然采用直墙半圆拱形断面不合适。因圆形断面、椭圆形断面、马蹄形断面用于围岩松软、有膨胀性、顶压和侧压都很大且底鼓严重的围岩条件,因此需要综合考虑施工速度、难度与支护成本等方面,以确定合理的断面形状。

5.2.3 让压壳-网壳耦合支护特点及技术关键

5.2.3.1 主要支护特点

(1) 通过支护手段改变围岩承载结构及性质,使巷道浅部围岩形成具有一定厚度及强度的让压壳,实现及时支护,充分发挥围岩的承载能力及壳体强度高、受力特点好的优点,最大限度地减小围岩应力集中对让压壳的破坏作用,确保让压壳均匀变形,充分释放围岩应力,从而达到让压的目的。

(2) 预留让压空间充分吸收了让压壳作用下围岩的变形能,最大限度地发挥让压壳的支护作用。且预留让压空间缓解了围岩应力集中,使围岩应力均匀分散到网壳支架上,避免网壳支架因局部受力过大而破坏,使让压壳-网壳完全耦合。

(3) 网壳支架是三维连续支撑结构,稳定性好、承载能力大、可缩性大、成本低;喷射混凝土提高了网壳支架的整体支护强度、使支护层受力均匀,避免了因围岩局部破坏而引发大范围破坏现象。实现变形协调,确保巷道安全稳定。

5.2.3.2 主要技术关键

针对高应力泥化软岩巷道,让压壳-网壳耦合支护技术能否有效控制巷道围岩的有害变形,确保巷道的安全稳定,其技术关键如下:

(1) 确定合理的巷道断面形状及尺寸;

（2）确定出有效的短细密锚杆支护方式及参数，使巷道浅部围岩形成让压壳；

（3）设计合理的网壳支架结构，确定合理的网壳支护时机与支护强度；

（4）确定预留让压空间的大小。

5.3 预留让压空间的确定

5.3.1 预留让压空间支护作用

随着开采深度的增加，巷道围岩所处的地质力学环境越来越复杂，巷道支护越来越困难，特别是高应力泥化软岩巷道具有地压大、变形大和难支护的特点，而且初期变形速度通常在 10 mm/d 以上，围岩变形剧烈，采用常规的支护方式难以奏效。其主要原因之一是高应力泥化软岩巷道掘进初期巨大的膨胀变形能没有释放出来，常常造成支护体失效。因此必须遵循先让后抗、让抗协调的支护原则，采用预留让压空间支护技术控制巷道的有害变形，即巷道开挖后先进行临时支护，允许巷道围岩释放一部分变形能，然后再架设钢架支护。

软岩巷道进行一次支护后，允许巷道变形释放变形能，这个允许的变形空间就是预留让压空间。考虑到施工的方便以及巷道变形的不均匀等方面原因，一般巷道周边最大变形达到预留让压空间的 70% 以上时，就开始架设支架进行二次支护。在架后空间里进行充填便于架设支架，也可以使支架受力均匀，防止支架因局部受力过大而破坏。

5.3.2 预留让压空间的确定

预留让压空间的确定将直接关系到巷道支护的成败。过小的预留让压空间使变形能未能充分释放，作用在钢架上的围岩压力将超过刚架的设计承载力而使刚架破坏，进而使围岩失稳；过大的预留让压空间使围岩的变形超过其稳定的变形允许量而失稳，钢架支护作用失效。确定预留让压空间的方法很多，有经验公式法、蠕变模型法、理论计算法等。

5.3.2.1 经验公式法

根据软岩巷道预留让压空间支护的经验，一般情况下预留让压空间为：

$$M_{cb} = (0.05 \sim 0.1)B_{hd}$$

式中 B_{hd}——巷道设计断面宽度，m。

5.3.2.2 蠕变模型法

根据巷道围岩蠕变模型以及现场工程地质条件，预留让压空间的计算式为：

$$M_{cb} = \begin{cases} A_1(B_1 t + C_1)^{\frac{3}{2}} + D_1 t + S_1, & \sigma_s < f \\ F_1 t + H_1, & \sigma_s = f \end{cases} \tag{5-1}$$

式中　$A_1, B_1, C_1, S_1, F_1, H_1$——统计系数；

σ_s——中间主应力，MPa；

f——围岩的极限应力，MPa；

t——支护时间，d。

5.3.2.3　理论计算法

采用博纳廷汤姆森(Bonaitin-Thomson)模型对巷道围岩进行了力学分析，推导出预留让压空间的计算式如下：

$$M_{cb} = \frac{p_0 r_0}{2} \left[\frac{p_0(1 - \sin \varphi)}{C\cos\varphi + p_1} \right]^{\frac{1 - \sin \varphi}{2\sin \varphi} \left[\frac{p_0 \sin \varphi + C\cos \varphi}{(1 - 2\mu)p_0 + p_0 \sin \varphi + C\cos \varphi} \right]} \left[\frac{1}{G_0} e^{-\frac{t}{\eta_{ret}}} + \frac{1}{G_\infty}(1 - e^{-\frac{t}{\eta_{ret}}}) \right]$$
$$\left[\sin \varphi + \frac{C}{p_0}\cos \varphi + (1 - 2\mu) \right] \tag{5-2}$$

式中　C——岩体黏聚力，MPa；

φ——岩体内摩擦角，(°)；

η_{ret}——围岩松弛时间，d；

t——围岩变形时间，d；

G_0——围岩瞬时剪切变形模量，MPa；

G_∞——长期剪切变形模量，MPa；

μ——围岩泊松比；

r_0——巷道半径，m；

p_1——一次支护强度，MPa；

p_0——原岩应力，MPa。

式(5-2)为圆形巷道预留让压空间的计算式。对于常规的非圆形巷道的等效半径计算如下：

$$r_d = \min\{r_s, r_y\} \tag{5-3}$$

$$r_s = k_x \left(\frac{S}{\pi} \right)^{\frac{1}{2}} \tag{5-4}$$

式中　r_d——非圆形巷道等效半径，m；

r_s——巷道当量半径，m；

S——实际巷道断面积，m²；

r_y——巷道外接圆半径，m；

k_x——巷道断面修正系数。

5.3.2.4　预留让压空间的计算

某矿−850 m 东皮带大巷原设计断面形状是直墙半圆拱形,断面尺寸为 4.4 m(宽)×3.7 m(高),原岩应力 p_0=22.5 MPa,岩体泊松比 μ=0.25,黏聚力 C=4.6 MPa,内摩擦角 φ=23°,一次支护强度 p_1=0.4 MPa,瞬时剪切变形模量 G_0=130 MPa,长期剪切变形模量 G_∞=80 MPa,围岩松弛时间 η_{ret}=6 d,由式 (5-3)和式(5-4)计算出−850 m 东皮带大巷等效半径 r_d=2.2 m。

根据经验公式法计算,预留让压空间 M_{cb}=0.22~0.44 m;采取蠕变模型法计算预留让压空间时,影响预留充填变形层厚度的因素中不确定的因素多,不便计算;通过理论公式计算,上述参数代入式(5-2),计算出预留让压空间 M_{cb}=0.376 m,考虑到−850 m 东皮带大巷为高应力泥化软岩巷道,因此取其预留让压空间大小为 0.38 m。

5.4　锚杆长度与密度对巷道变形控制作用数值模拟

巷道支护质量的优劣是巷道能否稳定的关键因素之一,锚杆支护是目前主要的巷道支护手段,一些矿区锚杆支护率已经达到 100%。锚杆支护效果与锚杆长度和密度有密切关系,多年以来,国内外专家学者普遍认为锚杆长度和支护密度对支护效果起重要作用,人们主观地认为随着锚杆长度的增大和支护密度的提高,巷道围岩的稳定性可以得到有效控制;由于现场实施工作量大、工艺复杂,且难以系统全面地实现室内相似材料模拟试验等,这一观点延续至今并未产生确切的量化指标。矿井条件的复杂多变性造成锚杆支护参数难以用统一的计算式准确确定。在计算机技术和计算方法高速发展的今天,采用 FLAC²ᴰ 软件分析了锚杆长度和支护密度对软岩巷道围岩变形的影响规律,并对锚杆长度和支护密度在巷道围岩稳定性控制中的作用作出了较为客观的评价。

5.4.1　模拟方案与目标

5.4.1.1　网格划分与模型的建立

根据某矿−850 m 东皮带大巷工程地质条件,取锚杆间距和排距相等,支护密度只考虑锚杆间距的变化,利用 FLAC²ᴰ 软件建立如图 5-3 所示的平面应变数值计算模型,模型尺寸为 50 m×54 m,巷道断面形状为圆形,采用莫尔-库仑模型,煤岩物理力学参数如表 2-1 所列。模型左侧约束水平方向位移,底部约束垂直方向位移,顶部施加垂压,大小为 22.5 MPa,右侧施加侧压,侧压系数 λ=1.5。模型中,网格尺寸为 0.5 m×0.5 m,共划分 100×108 个网格。通过对锚杆端部设置较大锚固剂刚度及强度参数来模拟托盘,在巷道断面各个节点之间建立

beam单元来模拟钢带。数值计算网格及支护结构图如图5-3所示。

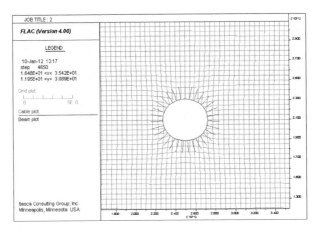

图 5-3 数值计算网格及支护结构图

5.4.1.2 模拟方案与目标

巷道埋深为 900 m,侧压系数为 1.5,断面是半径是 2.5 m 的圆形巷道,预紧力为 70 kN,杆体直径为 20 mm,锚杆锚固长度为 100 cm。其模拟方案如下:

锚杆长度为 1.0 m、1.1 m、1.2 m、1.3 m、1.4 m、1.5 m、1.6 m、1.8 m、2.0 m、2.2 m、2.4 m,锚杆间排距为 0.5 m×0.5 m、0.6 m×0.6 m、0.7 m×0.7 m、0.8 m×0.8 m、0.9 m×0.9 m、1.0 m×1.0 m、1.2 m×1.2 m 时,锚杆支护巷道顶底板移近量、两帮移近量。

其模拟目标如下:

(1) 相同锚杆间排距不同锚杆长度条件下,巷道顶底板移近量、两帮移近量变化规律;

(2) 相同锚杆长度不同锚杆间排距条件下,巷道顶底板移近量、两帮移近量变化规律;

(3) 得出最优的锚杆长度和间排距。

5.4.2 锚杆长度与支护密度对巷道垂直位移控制作用

图5-4为锚杆支护巷道垂直位移云图,表5-1为不同锚杆长度不同支护密度巷道围岩顶底板移近量,图5-5和图5-6分别为不同锚杆支护密度巷道顶底板移近量随锚杆长度变化关系曲线、不同锚杆长度巷道顶底板移近量随支护密度变化关系曲线。由图5-4~图5-6和表5-1可知:

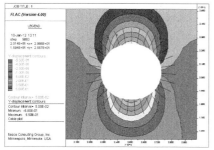

（a）间排距0.5 m（锚杆长度1.0 m）

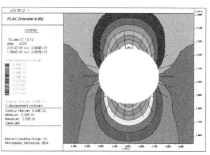

（b）间排距0.6 m（锚杆长度1.0 m）

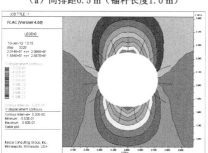

（c）间排距1.0 m（锚杆长度1.0 m）

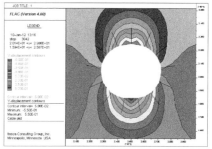

（d）间排距1.2 m（锚杆长度1.0 m）

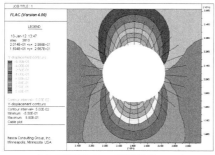

（e）间排距0.5 m（锚杆长度1.5 m）

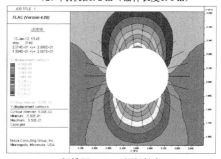

（f）间排距0.6 m（锚杆长度1.5 m）

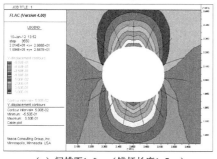

（g）间排距1.0 m（锚杆长度1.5 m）

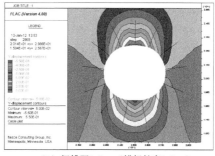

（h）间排距1.2 m（锚杆长度1.5 m）

图 5-4　锚杆支护巷道垂直位移云图

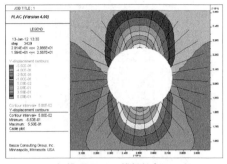

（i）间排距0.5 m（锚杆长度2.4 m）

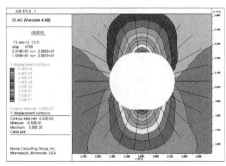

（j）间排距0.6 m（锚杆长度2.4 m）

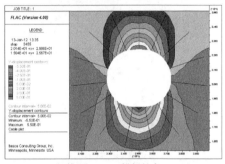

（k）间排距1.0 m（锚杆长度2.4 m）

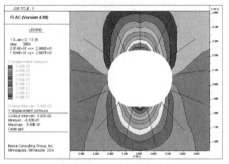

（l）间排距1.2 m（锚杆长度2.4 m）

图 5-4（续）

表 5-1 不同锚杆长度不同支护密度巷道顶底板移近量

锚杆长度/m	锚杆间排距/m						
	0.5×0.5	0.6×0.6	0.7×0.7	0.8×0.8	0.9×0.9	1.0×1.0	1.2×1.2
1.0	855	892	926	982	1 028	1 062	1 127
1.1	842	881	908	962	1 016	1 045	1 102
1.2	832	861	879	94	1 003	1 037	1 092
1.3	823	853	865	921	981	1 019	1 080
1.4	810	834	852	903	964	1 002	1 072
1.5	800	826	834	884	952	988	1 064
1.6	794	824	831	873	936	974	1 041
1.8	793	822	829	862	929	972	1 023
2.0	792	821	828	861	921	971	1 018
2.2	791	821	828	860	920	970	1 014
2.4	790	819	827	858	918	967	1 012

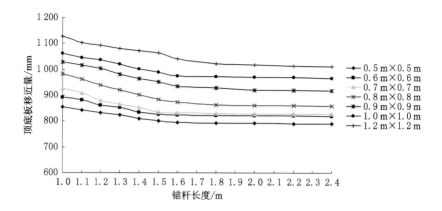

图 5-5　不同锚杆支护密度巷道顶底板移近量随锚杆长度变化关系曲线

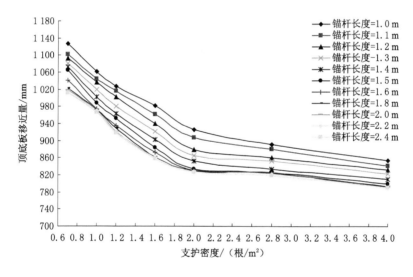

图 5-6　不同锚杆长度巷道顶底板移近量随支护密度变化关系曲线

（1）在同一巷道围岩条件下，相同锚杆支护密度，巷道围岩顶底板移近量随锚杆长度的增大而缓慢减小，根据模拟结果，当锚杆长度达到 1.5 m 时，巷道围岩顶底板移近量变化不明显，减小幅度较小，也就是说锚杆长度过长对控制顶底板移近量作用较小。如锚杆间排距为 0.5 m×0.5 m；当锚杆长度从 1 m 变化到 1.4 m 时，顶底板移近量减小幅度为 11.25 mm/0.1 m；当锚杆长度从 1.4 m 变化到 1.5 m 时，顶底板移近量减小幅度为 10 mm/0.1 m；当锚杆长度从 1.5 m 变化到 1.6 m 时，顶底板移近量减小幅度为 6 mm/0.1 m；当锚杆长度从 1.6 m

变化到1.8 m时,顶底板移近量减小幅度为0.5 mm/0.1 m;当锚杆长度从1.8 m变化到2.4 m时,顶底板移近量减小幅度为0.67 mm/0.1 m。因此锚杆长度超过1.5 m时,其控制软岩巷道顶底板移近量不是很明显。

(2)在同一巷道围岩条件下,当锚杆长度相同时,巷道顶底板移近量随着锚杆支护密度的增大而减小,最后几乎不变。当锚杆支护密度小于2根/m²,即锚杆间排距大于0.7 m×0.7 m时,顶底板移近量变化显著,增加幅度较大;当锚杆支护密度大于或者等于2根/m²时,即锚杆间排距小于或者等于0.7 m×0.7 m时,巷道顶底板移近量变化不明显,减小幅度较小。

(3)短而密锚杆支护巷道顶底板移近量要小于长而疏锚杆支护巷道顶底板移近量。

当锚杆长度为1.0 m,间排距为0.5 m×0.5 m时,巷道顶底板移近量为855 mm;当锚杆长度为2.0 m,间排距为1.0 m×1.0 m时,巷道顶底板移近量为971 mm。

当锚杆长度为1.0 m,间排距为0.6 m×0.6 m时,巷道顶底板移近量为892 mm;当锚杆长度为2.0 m,间排距为1.2 m×1.2 m时,巷道顶底板移近量为1 018 mm。

当锚杆长度为1.1 m,间排距为0.5 m×0.5 m时,巷道顶底板移近量为842 mm;当锚杆长度为2.2 m,间排距为1.0 m×1.0 m时,巷道顶底板移近量为970 mm。

当锚杆长度为1.1 m,间排距为0.6 m×0.6 m时,巷道顶底板移近量为881 mm;当锚杆长度为2.2 m,间排距为1.2 m×1.2 m时,巷道顶底板移近量为1 014 mm。

当锚杆长度为1.2 m,间排距为0.5 m×0.5 m时,巷道顶底板移近量为832 mm;当锚杆长度为2.4 m,间排距为1.0 m×1.0 m时,巷道顶底板移近量为967 mm。

当锚杆长度为1.2 m,间排距为0.6 m×0.6 m时,巷道顶底板移近量为861 mm;当锚杆长度为2.4 m,1.2 m×1.2 m时,巷道顶底板移近量为1 012 mm。

5.4.3 锚杆长度与密度对巷道水平位移控制作用

图5-7为锚杆支护巷道水平位移云图,图5-8为不同锚杆支护密度巷道两帮移近量随锚杆长度变化关系曲线,图5-9为不同锚杆长度巷道两帮移近量随锚杆支护密度变化关系曲线,表5-2为不同锚杆长度不同支护密度巷道两帮移近量。由图5-7～图5-9及表5-2可知:

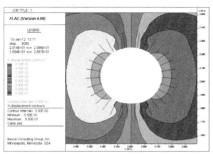

（a）间排距0.5 m（锚杆长度1.0 m）

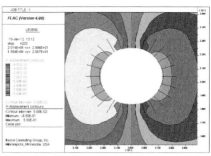

（b）间排距0.6 m（锚杆长度1.0 m）

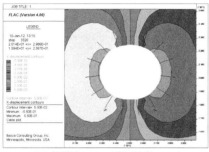

（c）间排距1.0 m（锚杆长度1.0 m）

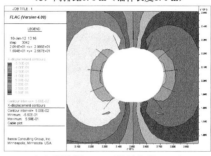

（d）间排距1.2 m（锚杆长度1.0 m）

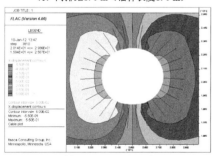

（e）间排距0.5 m（锚杆长度1.5 m）

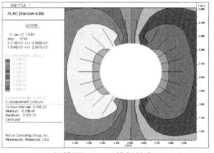

（f）间排距0.6 m（锚杆长度1.5 m）

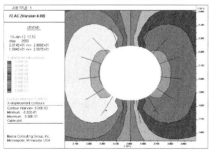

（g）间排距1.0 m（锚杆长度1.5 m）

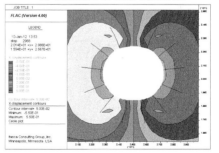

（h）间排距1.2 m（锚杆长度1.5 m）

图 5-7　锚杆支护巷道水平位移云图

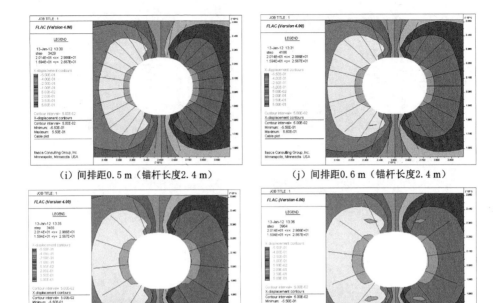

（i）间排距0.5 m（锚杆长度2.4 m）　　　（j）间排距0.6 m（锚杆长度2.4 m）

（k）间排距1.0 m（锚杆长度2.4 m）　　　（l）间排距1.2 m（锚杆长度2.4 m）

图 5-7（续）

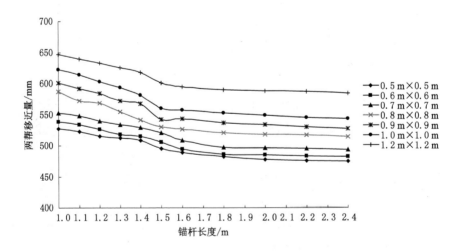

图 5-8　不同锚杆支护密度巷道两帮移近量随锚杆长度变化关系曲线

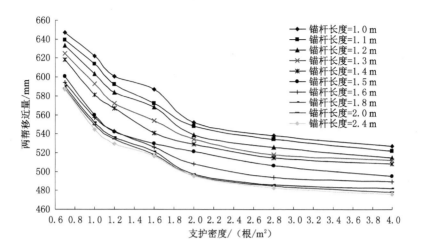

图 5-9　不同锚杆长度巷道两帮移近量随锚杆支护密度变化关系曲线

表 5-2　不同锚杆长度不同支护密度巷道两帮移近量

锚杆长度 /m	锚杆间距/m						
	0.5×0.5	0.6×0.6	0.7×0.7	0.8×0.8	0.9×0.9	1.0×1.0	1.2×1.2
1.0	527	538	552	587	601	622	647
1.1	522	534	548	572	592	614	639
1.2	515	526	539	568	584	603	633
1.3	512	518	534	554	572	593	625
1.4	508	515	529	541	567	581	618
1.5	495	506	521	530	542	56	601
1.6	489	494	508	526	543	557	594
1.8	482	486	497	521	536	552	59
2.0	478	485	496	518	534	549	588
2.2	476	483	495	517	530	545	587
2.4	475	482	493	514	527	543	584

（1）相同巷道围岩地质条件下,当锚杆支护密度相同时,巷道两帮移近量随锚杆长度增大而缓慢减小,锚杆长度是巷道两帮移近量影响因素之一,当锚杆长度达到 1.6 m 时,巷道两帮移近量变化不大,减小幅度较小,即锚杆长度过长对控制巷道两帮变形量作用不大。当锚杆间排距为 0.5 m×0.5 m,锚杆长度从 1.0 m 变化到 1.5 m 时,巷道两帮移近量减小幅为 5.33 mm/0.1 m;当锚杆长

度从 1.5 m 变化到 1.6 m 时,巷道两帮移近量减小幅度为 6 mm/0.1 m;当锚杆长度从 1.6 m 变化到 1.8 m 时,巷道两帮移近量减小幅度为 3.5 mm/0.1 m;当锚杆长度从 1.8 m 变化到 2.4 m 时,巷道两帮移近量减小幅度为 1.17 mm/0.1 m,两帮移近量变化较小。因此锚杆长度超过 1.6 m 时,其控制巷道两帮移近量不是十分显著。

(2) 在相同巷道围岩条件下,当锚杆长度相同时,巷道两帮移近量随锚杆支护密度的增大而减小,最后几乎不变。当锚杆支护密度小于 2 根/m²,即锚杆间排距大于 0.7 m×0.7 m 时,巷道两帮移近量变化显著,增加幅度较大;锚杆支护密度大于或者等于 2 根/m²,即锚杆间排距小于或者等于 0.7 m×0.7 m 时,巷道两帮移近量变化不明显,减小幅度较小。

(3) 短而密锚杆支护巷道两帮移近量要小于长而疏锚杆支护巷道两帮移近量。

当锚杆长度为 1.0 m,间排距为 0.5 m×0.5 m 时,巷道两帮移近量为 527 mm;当锚杆长度为 2.0 m,间排距为 1.0 m×1.0 m 时,巷道两帮移近量为 549 mm。

当锚杆长度为 1.0 m,间排距为 0.6 m×0.6 m 时,巷道两帮移近量为 538 mm;锚杆长度为 2.0 m,间排距为 1.2 m×1.2 m 时,巷道两帮移近量为 588 mm。

当锚杆长度为 1.1 m,间排距为 0.5 m×0.5 m 时,巷道两帮移近量为 522 mm;当锚杆长度为 2.2 m,间排距为 1.0 m×1.0 m 时,巷道两帮移近量为 545 mm。

当锚杆长度为 1.1 m,间排距为 0.6 m×0.6 m 时,巷道两帮移近量为 534 mm;当锚杆长度为 2.2 m,间排距为 1.2 m×1.2 m 时,巷道两帮移近量为 587 mm。

当锚杆长度为 1.2 m,间排距为 0.5 m×0.5 m 时,巷道两帮移近量为 515 mm;当锚杆长度为 2.4 m,间排距为 1.0 m×1.0 m 时,巷道两帮移近量为 543 mm。

当锚杆长度为 1.2 m,间排距为 0.6 m×0.6 m 时,巷道两帮移近量为 526 mm;当锚杆长度为 2.4 m,间排距为 1.2 m×1.2 m 时,巷道两帮移近量为 584 mm。

对于大断面高应力泥化软岩巷道,短而密锚杆支护效果要优于长而疏锚杆支护效果;锚杆越长巷道围岩变形量越小,但锚杆过长对控制巷道变形作用不大;锚杆支护密度越大巷道围岩变形量越小,支护密度过小对控制巷道变形作用不大,锚杆支护密度大于或等于 2 根/m² 时,其对软岩巷道围岩变形控制显著。

考虑安装锚杆对顶板的破坏,锚杆支护密度太大对控制巷道围岩变形也不利,一般锚杆支护密度不能超过 4 根/m²。所以软岩巷道支护密度合理范围是 2～4根/m²,即锚杆间排距合理范围为 0.75 m×0.75 m～0.55 m×0.55 m;锚杆长度以小于 1.6 m 为宜。

5.5　本章小结

本章在分析现有支护理论的基础上,针对高应力泥化软岩巷道应力与变形规律,提出让压壳-网壳耦合支护理论与技术,分析了让压壳-网壳耦合支护原理,提出了让压壳-网壳耦合支护原则,给出了让压壳-网壳耦合支护技术关键与控制方法;建立力学模型,推导出预留让压空间的计算式,并确定了－850 m 东皮带大巷预留让压空间的大小。采用有限差分 FLAC 软件分析了锚杆长度与支护密度对软岩巷道变形控制作用。具体结论如下:

（1）提出了让压壳-网壳耦合支护理论与技术,并分析了让压壳-网壳耦合支护原理,提出了"改变浅部围岩结构、断面施工卸压、一次支护让压、二次支护抗压"的支护理念,"限压让压、让压抗压、限让适度、让抗协调"的支护原则,以及"合理断面形状、卸压控顶施工技术、浅部围岩形成让压壳、预留让压空间、关键部位锚索补强、网壳衬砌支架"的控制对策。

（2）给出了某矿－850 m 东皮带大巷让压壳-网壳耦合支护技术与方法以及技术关键,分析了预留让压空间支护作用原理,给出了预留让压空间计算式,并确定了－850 m 东皮带大巷预留让压空间大小为 38 cm。

（3）对于高应力泥化软岩巷道,短而密锚杆支护效果要优于长而疏锚杆支护效果。锚杆越长巷道围岩变形量越小,但锚杆长度过长对控制巷道变形作用不大。锚杆支护密度越大巷道围岩变形量越小,但锚杆支护密度过大使得围岩破坏严重,反而支护效果不好;锚杆支护密度过小对控制巷道变形作用不大,当支护密度大于或等于 2 根/m² 时,其对软岩巷道围岩变形控制显著。考虑安装锚杆对顶板的破坏,锚杆支护密度太大对控制巷道围岩变形也不利,一般锚杆支护密度不能超过 4 根/m²。所以软岩巷道支护密度合理范围是 2～4 根/m²,即锚杆间排距合理范围为 0.75 m×0.75 m～0.55 m×0.55 m;锚杆长度以小于1.6 m 为宜。

6 让压壳-网壳耦合支护强度与支护时机确定

随着开采强度及开采深度的增大,深部巷道表现出软岩的特性愈发明显,近几十年来,国内外许多专家学者对软岩巷道支护理论与技术进行了大量的理论与试验研究,也取得了丰硕的研究成果,但还没有完全解决软岩巷道支护问题,软岩巷道支护仍然是世界性难题。支护技术往往先于支护理论,理论研究还不完善,特别是高应力泥化软岩巷道支护问题,不管是理论方面的研究还是技术方面的研究都还远远不够。高应力泥化软岩巷道不同于高应力破碎软岩巷道,想通过注浆的办法解决,结果是徒劳的。就现有的巷道支护技术,一次性支护手段无法控制高应力泥化软岩巷道的大变形,传统的二次支护手段也不能有效控制此类巷道的有害变形,在此基础上,提出了让压壳-网壳耦合支护理论与技术。让压壳-网壳耦合支护技术的关键之一是确定合理的一次让压壳支护和二次网壳衬砌支架支护强度与支护时机,因此从分析巷道围岩应力与变形的角度出发,确定让压壳-网壳耦合支护强度与支护时机等参数具有重要的现实意义。

本章以某矿-850 m东皮带大巷为工程背景,针对高应力泥化软岩巷道应力与变形特征建立了力学模型,将巷道围岩划分为破裂区、塑性区及弹性区,在破裂区内采用短细密全长锚固预应力锚杆支护使巷道浅部围岩形成让压壳,将锚杆支护作用转化为一次支护强度与围岩加固耦合作用,即让压壳支护作用;基于黏弹塑性理论考虑围岩蠕变与扩容,建立了一次让压壳支护强度、二次网壳衬砌支架支护强度与巷道围岩作用效果的相关性联系,推导出塑性区半径、破裂区半径和让压壳厚度的计算式及其应力表达式,分析了让压壳变形以及变形过程中的能量释放,最终确定让压壳支护、网壳衬砌支架支护强度与支护时机。

6.1 软岩巷道开挖瞬时围岩应力变形分析

在软岩巷道开挖瞬间,原始应力状态被打破,巷道围岩产生瞬时的变形,这一部分变形主要属于弹性变形,巷道围岩后继变形都是在此基础上发生的,因此,这一部分变形不能忽略。但是,在进行以往的围岩应力变形分析时,这一部分变形经常被忽略。由于其力学特点,巷道围岩变形问题可以看作平面应变问题分析,建立巷道开挖之前内部岩体受力模型,如图 6-1 所示,其中 r_0 表示开挖巷道半径。$p_0 = \gamma H$ 代表软岩巷道上覆岩体的重量,γ 表示上覆岩层容重,H 表示巷道埋深。

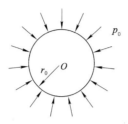

图 6-1 巷道开挖之前内部岩体受力模型

岩体采动之前,其应力状态为原岩应力,岩体可以看作弹性体,其应力分量为:

$$\begin{cases} \sigma_{r0} = p_0 \\ \sigma_{\theta 0} = p_0 \end{cases} \tag{6-1}$$

弹性力学问题几何方程式与物理方程式如式(6-2)和式(6-3)所示:

$$\begin{cases} \varepsilon_r = \dfrac{\partial u_r}{\partial r} \\ \varepsilon_\theta = \dfrac{u_r}{r} + \dfrac{1}{r}\dfrac{\partial u_\theta}{\partial \theta} \end{cases} \tag{6-2}$$

$$\begin{cases} \varepsilon_r = \dfrac{(1-\mu)}{2G}\left(\sigma_r - \dfrac{\mu}{1-\mu}\sigma_\theta\right) \\ \varepsilon_\theta = \dfrac{(1-\mu)}{2G}\left(\sigma_\theta - \dfrac{\mu}{1-\mu}\sigma_r\right) \end{cases} \tag{6-3}$$

根据式(6-2)和式(6-3)求解得到在开挖瞬时巷道内部瞬时变形为:

$$\begin{cases} u_{r0} = \dfrac{1-2\mu}{2G}p_0 r \\ u_{\theta 0} = 0 \end{cases} \tag{6-4}$$

因为模型对称,所以环向位移不存在,在后面计算中就不予考虑。根据式(6-4)得到巷道内边界变形为:

$$u_0 = \dfrac{1-2\mu}{2G}p_0 r_0 \tag{6-5}$$

式(6-5)为巷道开挖瞬时巷道内边界的变形量表达式。

6.2 软岩巷道让压壳支护围岩应力状态

6.2.1 软岩巷道让压壳支护围岩力学模型

高应力泥化软岩巷道开挖之后,在高应力状态下,由于软岩巷道围岩初期变形大、易风化、易潮解等特性,因此需要及时支护。进行一次支护时,首先要分析巷道围岩在支护作用下的应力变形状态,进而确定支护强度与支护时机。针对高应力泥化软岩巷道围岩应力特征,建立软岩巷道围岩一次支护力学模型,如图6-2所示。其中,p_1表示巷道围岩一次支护支护力(让压壳支护强度),r代表巷道围岩内任意一点与巷道圆心的径向距离。巷道掘出后围岩逐渐变形,软岩巷道围岩逐渐形成塑性区、破裂区,让压壳在破裂区中,因此建立软岩巷道让压壳支护围岩力学变形状态模型,如图6-3所示。

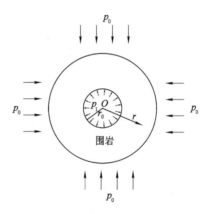

图 6-2 软岩巷道围岩一次支护力学模型

从图6-2到图6-3是一个时间连续的过程,而对于研究围岩应力状态以及支护效果、支护参数问题,连续的时间过程可以忽略,直接进行状态分析。在图6-3中,R_p,R_c,R_a分别表示塑性区半径、破裂区半径和让压壳半径。锚杆支护可以简化为对围岩的均布支护力和锚固区围岩体力学参数的提高。

6.2.2 弹性区应力状态分析

弹性区是在流变作用之前围岩的状态,在进行弹性区应力分析之前,首先要分析处于弹性状态的围岩状态。弹性范围内,根据弹性力学基本知识,其应力分量表达式为:

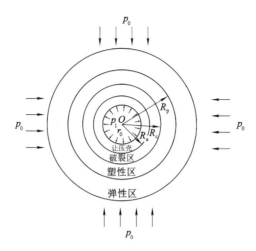

图 6-3　软岩巷道让压壳支护围岩力学变形状态模型

$$\begin{cases} \sigma_{re} = A + \dfrac{B}{r^2} \\[2mm] \sigma_{\theta e} = A - \dfrac{B}{r^2} \end{cases} \tag{6-6}$$

其中：σ_{re}，$\sigma_{\theta e}$ 分别表示弹性区径向应力、环向应力；A，B 为常数。A，B 的确定需要通过边界连续条件获得，在无穷远处，$\sigma_{re} + \sigma_{\theta e} = 2A = 2p_0$，得到：

$$A = p_0 \tag{6-7}$$

而常数 B 需要根据塑性区应力状态与连续性条件求解。

6.2.3　塑性区应力状态分析

巷道围岩状态的变化是一个连续的过程，这一过程中，围岩在周围载荷的作用下首先从弹性状态转化到塑性状态，然后巷道周围开始逐渐破裂并向深部延伸，让压壳的支护作用使得塑性区与破裂区的延伸受到限制，在整个过程中认为"三区"形成都已经趋于稳定，在计算中认为破裂区产生之前塑性区已经相对稳定。

在塑性区内，应力分量满足平衡条件，即：

$$\frac{\partial \sigma_{rp}}{\partial r} + \frac{\sigma_{rp} - \sigma_{\theta p}}{r} = 0 \tag{6-8}$$

同时，应力分量满足莫尔-库仑准则，即：

$$\sigma_{\theta p} = \frac{1 + \sin \varphi}{1 - \sin \varphi} \sigma_{rp} + \frac{2C\cos \varphi}{1 - \sin \varphi} \tag{6-9}$$

其中,φ 表示岩体的内摩擦角,C 表示黏聚力,r 表示塑性区内任意一点的坐标。根据式(6-8)和式(6-9)可得:

$$\sigma_{rp} + C\cot\varphi = Dr^{\frac{2\sin\varphi}{1-\sin\varphi}} \tag{6-10}$$

其中,D 为常数。

破裂区开始出现之前,塑性区已经趋于稳定,因此塑性区内部边界条件为:

$$\sigma_{rp/r=r_0} = p_1 \tag{6-11}$$

将式(6-11)代入式(6-10)得:

$$D = (p_1 + C\cot\varphi)/r_0^{\frac{2\sin\varphi}{1-\sin\varphi}} \tag{6-12}$$

将式(6-12)代入式(6-10)得:

$$\sigma_{rp} = (p_1 + C\cot\varphi)\left(\frac{r}{r_0}\right)^{\frac{2\sin\varphi}{1-\sin\varphi}} - C\cot\varphi \tag{6-13}$$

将式(6-13)代入式(6-9)可得:

$$\sigma_{\theta p} = \frac{1+\sin\varphi}{1-\sin\varphi}(p_1 + C\cot\varphi)\left(\frac{r}{r_0}\right)^{\frac{2\sin\varphi}{1-\sin\varphi}} - C\cot\varphi \tag{6-14}$$

并且,在弹塑性交界处有:

$$\sigma_{rp} + \sigma_{\theta p} = 2p_0 \tag{6-15}$$

将式(6-13)和式(6-14)代入式(6-15)得:

$$(p_1 + C\cot\varphi)\left(\frac{r}{r_0}\right)^{\frac{2\sin\varphi}{1-\sin\varphi}} - C\cot\varphi + \frac{1+\sin\varphi}{1-\sin\varphi}(p_1 + C\cot\varphi)$$

$$\left(\frac{r}{r_0}\right)^{\frac{2\sin\varphi}{1-\sin\varphi}} - C\cot\varphi = 2p_0 \tag{6-16}$$

求得塑性区半径为:

$$R_p = r_0\left[\frac{(C\cot\varphi + p_0)(1-\sin\varphi)}{C\cot\varphi + p_1}\right]^{\frac{1-\sin\varphi}{2\sin\varphi}} \tag{6-17}$$

根据应力连续条件,即:

$$\sigma_{re/r=R_p} = \sigma_{rp/r=R_p} \tag{6-18}$$

将式(6-6)第一式、式(6-13)代入式(6-18)得:

$$\sigma_{re/r=R_p} = p_0 + \frac{B}{R_p^2} = \sigma_{rp/r=R_p}$$

解得:

$$B = R_p^2(\sigma_{rp/r=R_p} - p_0) \tag{6-19}$$

将式(6-19)代入式(6-6)得:

$$
\begin{cases}
\sigma_{re} = p_0 + (\sigma_{rp/r=R_p} - p_0)\left(\dfrac{R_p}{r^2}\right)^2 \\[3mm]
\sigma_{\theta e} = p_0 - (\sigma_{rp/r=R_p} - p_0)\left(\dfrac{R_p}{r^2}\right)^2
\end{cases} \tag{6-20}
$$

6.2.4 破裂区应力状态分析

随着巷道围岩逐渐变形,围岩逐渐由塑性状态变为破裂状态,在这一过程中,可以认为破裂区是在塑性区稳定之后逐渐向围岩内部扩展的。破裂区围岩应力状态可以参考塑性区问题分析。在各种文献当中,对破裂区应力状态问题的分析并没有很好的方法,主要是由于岩石进入破裂状态后已经无法作为线性问题进行分析,通过各种方法所进行的描述仅仅是接近真实情况下的问题。根据岩石破裂后各参数变化情况,通过对破裂区问题的新认识,与塑性区问题类比解决了破裂区状态的分析。

在破裂区内,应力分量同样满足平衡条件和莫尔-库仑准则,与塑性区区别在于各种岩石参数不同。

破裂区平衡条件:

$$
\frac{\partial \sigma_{rc}}{\partial r} + \frac{\sigma_{rc} - \sigma_{\theta c}}{r} = 0 \tag{6-21}
$$

破裂区满足莫尔-库仑准则,即:

$$
\sigma_{\theta c} = \frac{1 + \sin \varphi_c}{1 - \sin \varphi_c} \sigma_{rc} + \frac{2C_c \cos \varphi_c}{1 - \sin \varphi_c} \tag{6-22}
$$

其中,φ_c 为破裂区岩体的内摩擦角,C_c 为破裂区岩石的黏聚力。

根据前面塑性区应力分量求解方法,破裂区应力分量表达式为:

$$
\begin{cases}
\sigma_{rc} = (p_1 + C_c \cot \varphi_c)\left(\dfrac{r}{r_0}\right)^{\frac{2\sin \varphi_c}{1-\sin \varphi_c}} - C_c \cot \varphi_c \\[4mm]
\sigma_{\theta c} = \dfrac{1 + \sin \varphi_c}{1 - \sin \varphi_c}(p_1 + C_c \cot \varphi_c)\left(\dfrac{r}{r_0}\right)^{\frac{2\sin \varphi_c}{1-\sin \varphi_c}} - C_c \cot \varphi_c
\end{cases} \tag{6-23}
$$

在塑性区与破裂区的交界面,径向应力和变形都是连续的,即交界面上的径向应变相等:

$$
\varepsilon_{rp/r=R_c} = \varepsilon_{rc/r=R_c} \tag{6-24}
$$

根据应力-应变关系得到:

$$
\sigma_{rp/r=R_c} - \frac{\mu_p}{1 - \mu_p}\sigma_{\theta p/r=R_c} = \sigma_{rc/r=R_c} - \frac{\mu_c}{1 - \mu_c}\sigma_{\theta c/r=R_c} \tag{6-25}
$$

式(6-25)无法得到破裂区半径表达式的解析解,将具体参数代入就能得到具体巷道条件下的破裂区半径。

6.2.5 破裂区内部让压壳应力状态分析

让压壳在形成过程中,应力作用使其直接到达塑性状态,在让压壳内,应力分量满足的平衡条件为:

$$\frac{\partial \sigma_{ra}}{\partial r} + \frac{\sigma_{ra} - \sigma_{\theta a}}{r} = 0 \tag{6-26}$$

其中,σ_{ra},$\sigma_{\theta a}$分别表示让压壳径向应力和环向应力。

同时,让压壳内应力分量满足莫尔-库仑准则,即:

$$\sigma_{\theta a} = \frac{1 + \sin \varphi_a}{1 - \sin \varphi_a} \sigma_{ra} + \frac{2C_a \cos \varphi_a}{1 - \sin \varphi_a} \tag{6-27}$$

其中,φ_a为让压壳内摩擦角,C_a为让压壳黏聚力。

结合式(6-26)和式(6-27)可得:

$$\begin{cases} \sigma_{ra} = (p_1 + C_a \cot \varphi_a)\left(\dfrac{r}{r_0}\right)^{\frac{2\sin \varphi_a}{1 - \sin \varphi_a}} - C_a \cot \varphi_a \\ \sigma_{\theta a} = \dfrac{1 + \sin \varphi_a}{1 - \sin \varphi_a}(p_1 + C_a \cot \varphi_a)\left(\dfrac{r}{r_0}\right)^{\frac{2\sin \varphi_a}{1 - \sin \varphi_a}} - C_a \cot \varphi_a \end{cases} \tag{6-28}$$

在破裂区与让压壳的交界面,应力是连续的,得到:

$$\varepsilon_{rc/r=R_a} = \varepsilon_{ra/r=R_a} \tag{6-29}$$

即:

$$\sigma_{rc/r=R_a} - \frac{\mu_c}{1 - \mu_c} \sigma_{\theta c/r=R_a} = \sigma_{ra/r=R_a} - \frac{\mu_a}{1 - \mu_a} \sigma_{\theta a/r=R_a} \tag{6-30}$$

将具体参数代入式(6-30)就可得到让压壳半径的表达式。

6.2.6 黏弹性状态分析

6.2.6.1 Burgers 模型

Burgers 模型(图 6-4)是一种较为复杂的流变模型,是由 Kelvin 模型与 Maxwell 模型串联得到的,能够描述瞬时弹性变形、过渡蠕变、等速蠕变以及卸

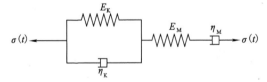

图 6-4　Burgers 模型

载后的回复变形,经常用于岩石特别是流变性质较为明显的软岩流变问题的分析。因此,选择 Burgers 模型作为软岩巷道围岩流变问题分析模型。

其本构模型为:

$$\eta_K \ddot{\varepsilon} + E_K \dot{\varepsilon} = \frac{\eta_K}{E_M} \ddot{\sigma} + \left(1 + \frac{E_K}{E_M} + \frac{\eta_K}{\eta_M}\right) \dot{\sigma} + \frac{E_K}{\eta_M} \sigma \tag{6-31}$$

将式(6-31)变成应力-应变关系的一般形式,写为:

$$f(D)\sigma = g(D)\varepsilon \tag{6-32}$$

式中:D 表示对时间 t 的微分算子,有 $D^n = \frac{\partial^n}{\partial t^n}$;$f(D)$,$g(D)$ 分别表示应力、应变的多项式。

对于式(6-31),其微分多项式为:

$$\begin{cases} f(D) = \frac{\eta_K}{E_M} D^2 + \left(1 + \frac{E_K}{E_M} + \frac{\eta_K}{\eta_M}\right) D + \frac{E_K}{\eta_M} \\ g(D) = \eta_K D^2 + E_K D \end{cases} \tag{6-33}$$

根据岩石流变理论,Burgers 模型应力-应变关系可以写为一般形式:

$$\begin{cases} f(D)s_{rs} = 2g(D)e_{rs} \\ f_1(D)s = 3g_1(D)e \end{cases} \tag{6-34}$$

其中:$s_{rs} = \sigma_{rs} - \sigma$,$e_{rs} = \varepsilon_{rs} - \varepsilon$,分别表示应力偏张量和应变偏张量;$\sigma = \frac{1}{3}(\sigma_x + \sigma_y + \sigma_z)$,$\varepsilon = \frac{1}{3}(\varepsilon_x + \varepsilon_y + \varepsilon_z)$,分别表示平均应力和平均应变。

式(6-34)拉普拉斯变换算子表示形式为:

$$\begin{cases} f(s) = \frac{\eta_K}{E_M} s^2 + \left(1 + \frac{E_K}{E_M} + \frac{\eta_K}{\eta_M}\right) s + \frac{E_K}{\eta_M} \\ g(s) = \eta_K s^2 + E_K s \\ f_1(s) = 1, g_1(s) = E \end{cases} \tag{6-35}$$

其中,E 表示围岩的弹性模量。

在围岩的弹性区进行围岩流变分析时,从弹性问题转化为黏弹性问题是一个较为复杂的过程。但是,通过简单的代数变换就可以将问题的弹性解转化为黏弹性解。在具体的计算过程中,用 $\frac{g(s)}{f(s)}$ 代替 G,用 $\frac{g_1(s)}{f_1(s)}$ 代替 E,用 $\frac{p_1}{s}$,$\frac{p_0}{s}$ 代替 p_1,p_0 就可以得到围岩状态的黏弹性解。

6.2.6.2 黏弹性应力表达式求解

根据黏弹性问题求解方法将 $\frac{g(s)}{f(s)}$,$\frac{g_1(s)}{f_1(s)}$,$\frac{p_1}{s}$,$\frac{p_0}{s}$ 代入式(6-20)得:

$$
\begin{cases}
\sigma'_{re} = \dfrac{p_0}{s} + \left(\sigma'_{rp/r=R_p} - \dfrac{p_0}{s}\right)\left(\dfrac{R'_p}{r^2}\right)^2 \\[3mm]
\sigma'_{\theta e} = \dfrac{p_0}{s} - \left(\sigma'_{rp/r=R_p} - \dfrac{p_0}{s}\right)\left(\dfrac{R'_p}{r^2}\right)^2
\end{cases}
\tag{6-36}
$$

其中,各参数的上标"'"代表参数代入的表达式。

对式(6-36)进行拉普拉斯(Laplace)逆变换可得:

$$
\begin{cases}
\sigma_{res} = p_0 + \left(\sigma_{rp/r=R_p} - p_0\right)\left(\dfrac{R_p}{r^2}\right)^2 \\[3mm]
\sigma_{\theta es} = p_0 - \left(\sigma_{rp/r=R_p} - p_0\right)\left(\dfrac{R_p}{r^2}\right)^2
\end{cases}
\tag{6-37}
$$

其中,σ_{res},$\sigma_{\theta es}$表示弹性区黏弹性应力分量,通过式(6-37)可以发现,黏弹性应力分量与弹性应力分量表达式相同,这是由于应力分量只是由围岩的受力状态决定的,而与时间变化无关。

6.2.7　巷道围岩内部分区应力分量表达式

通过一系列问题的求解,巷道围岩各个区域应力分量表达式由内向外依次为:

让压壳内部应力表达式

$$
\begin{cases}
\sigma_{ra} = (p_1 + C_a \cot \varphi_a)\left(\dfrac{r}{r_0}\right)^{\frac{2\sin \varphi_a}{1-\sin \varphi_a}} - C_a \cot \varphi_a \\[4mm]
\sigma_{\theta a} = \dfrac{1+\sin \varphi_a}{1-\sin \varphi_a}(p_1 + C_a \cot \varphi_a)\left(\dfrac{r}{r_0}\right)^{\frac{2\sin \varphi_a}{1-\sin \varphi_a}} - C_a \cot \varphi_a
\end{cases}
\quad r_0 \leqslant r < R_a
$$

破裂区内部应力表达式

$$
\begin{cases}
\sigma_{rc} = (p_1 + C_c \cot \varphi_c)\left(\dfrac{r}{r_0}\right)^{\frac{2\sin \varphi_c}{1-\sin \varphi_c}} - C_c \cot \varphi_c \\[4mm]
\sigma_{\theta c} = \dfrac{1+\sin \varphi_c}{1-\sin \varphi_c}(p_1 + C_c \cot \varphi_c)\left(\dfrac{r}{r_0}\right)^{\frac{2\sin \varphi_c}{1-\sin \varphi_c}} - C_c \cot \varphi_c
\end{cases}
\quad R_a \leqslant r < R_c
$$

塑性区内部应力表达式

$$
\begin{cases}
\sigma_{rp} = (p_1 + C \cot \varphi)\left(\dfrac{r}{r_0}\right)^{\frac{2\sin \varphi}{1-\sin \varphi}} - C \cot \varphi \\[4mm]
\sigma_{\theta p} = \dfrac{1+\sin \varphi}{1-\sin \varphi}(p_1 + C \cot \varphi)\left(\dfrac{r}{r_0}\right)^{\frac{2\sin \varphi}{1-\sin \varphi}} - C \cot \varphi
\end{cases}
\quad R_c \leqslant r < R_p
$$

弹性区内部应力表达式(考虑黏弹性)

$$\begin{cases} \sigma_{res} = p_0 + (\sigma_{rp/r=R_p} - p_0)\left(\dfrac{R_p}{r^2}\right)^2 \\[3mm] \sigma_{\theta es} = p_0 - (\sigma_{rp/r=R_p} - p_0)\left(\dfrac{R_p}{r^2}\right)^2 \end{cases} \quad R_p \leqslant r < \infty$$

6.3　软岩巷道让压壳支护围岩变形分析

6.3.1　弹性区变形分析

在弹性区,其物理方程和几何方程分别为:

$$\begin{cases} \varepsilon_{re} = \dfrac{1-\mu}{E}\left[\sigma_{re} - \dfrac{\mu}{1-\mu}\sigma_{\theta e}\right] \\[3mm] \varepsilon_{\theta e} = \dfrac{1-\mu}{E}\left[\sigma_{\theta e} - \dfrac{\mu}{1-\mu}\sigma_{re}\right] \end{cases} \tag{6-38}$$

$$\begin{cases} \varepsilon_{re} = \dfrac{\partial u_r}{\partial r} \\[3mm] \varepsilon_{\theta e} = \dfrac{u_r}{r} + \dfrac{1}{r}\dfrac{\partial u_\theta}{\partial \theta} \\[3mm] \dfrac{1}{r}\dfrac{\partial u_r}{\partial \theta} + \dfrac{\partial u_\theta}{\partial r} - \dfrac{u_\theta}{r} = 0 \end{cases} \tag{6-39}$$

根据式(6-38)、式(6-39)、式(6-20)可得:

$$u_{re} = \frac{1}{2G}\left[(1-2\mu)p_0 r - \frac{R_p^2(\sigma_{rp/r=R_p} - p_0)}{r}\right] \tag{6-40}$$

将$\dfrac{g(s)}{f(s)}$, $\dfrac{g_1(s)}{f_1(s)}$, $\dfrac{p_1}{s}$, $\dfrac{p_0}{s}$代入式(6-40)得:

$$u'_{re} = \cfrac{1-2\mu}{2\left[\cfrac{\eta_k s^2 + E_K s}{\cfrac{\eta_K}{k_M}s^2 + \left(1+\cfrac{E_K}{E_M}+\cfrac{\eta_K}{\eta_M}\right)s + \cfrac{E_K}{\eta_M}}\right]}\frac{p_0 r}{s} - $$

$$\cfrac{1}{2\left[\cfrac{\eta_k s^2 + E_K s}{\cfrac{\eta_K}{k_M}s^2 + \left(1+\cfrac{E_K}{E_M}+\cfrac{\eta_K}{\eta_M}\right)s + \cfrac{E_K}{\eta_M}}\right]}$$

$$\left[\left(\frac{p_1}{s}+C\cot\varphi\right)\left(\frac{R_p}{r_0}\right)^{\frac{2\sin\varphi}{1-\sin\varphi}} - C\cot\varphi - \frac{p_0}{s}\right]\frac{R_p^2}{r} \tag{6-41}$$

对式(6-41)进行 Laplace 逆变换可得:

$$u_{res} = \frac{p_0 r}{2}(1-2\mu)A - \frac{R_p^2}{2r}\left[p_1\left(\frac{R_p}{r_0}\right)^{\frac{2\sin\varphi}{1-\sin\varphi}} - p_0\right]A - \frac{R_p^2}{2r}C\cot\varphi\left[\left(\frac{R_p}{r_0}\right)^{\frac{2\sin\varphi}{1-\sin\varphi}} - 1\right]B$$

$$(6-42)$$

其中：

$$\begin{cases} A = \dfrac{1}{E_M}e^{-\frac{E_K}{\eta_K}t} + \left(\dfrac{1}{\eta_K} + \dfrac{E_K}{\eta_K E_M} + \dfrac{1}{\eta_M}\right)\dfrac{\eta_K}{E_K}(1-e^{-\frac{E_K}{\eta_K}t}) + \dfrac{E_K}{\eta_K\eta_M}\left(\dfrac{\eta_K}{E_K}\right)^2\left(\dfrac{E_K}{\eta_K}t - 1 + e^{-\frac{E_K}{\eta_K}t}\right) \\[2mm] B = \dfrac{1}{E_M} - \dfrac{E_K}{E_M}e^{-\frac{E_K}{\eta_K}t} + \left(\dfrac{1}{\eta_K} + \dfrac{E_K}{\eta_K E_M} + \dfrac{1}{\eta_M}\right)e^{-\frac{E_K}{\eta_K}t} + \dfrac{1}{\eta_M}(1-e^{-\frac{E_K}{\eta_K}t}) \end{cases}$$

$$(6-43)$$

式(6-42)即围岩弹性区变形表达式(考虑黏弹性)。

6.3.2 塑性区变形分析

在对塑性区变形进行分析时,通常认为塑性区在小变形情况下体积不变,即:

$$\varepsilon_p = \varepsilon_{rp} + \varepsilon_{\theta p} = 0 \tag{6-44}$$

在巷道变形的物理意义上可以表示为:

$$\Delta A/_{r=R_p} = \Delta A/_{r=R_c} \tag{6-45}$$

即:

$$2\pi R_p u_{res} = 2\pi R_c u_{rp} \tag{6-46}$$

将式(6-42)代入式(6-46)得:

$$u_{rp}/_{r=R_c} = \frac{R_p}{R_c}\left\{\frac{p_0 R_p}{2}(1-2\mu)A - \frac{R_p}{2}\left[p_1\left(\frac{R_p}{r_0}\right)^{\frac{2\sin\varphi}{1-\sin\varphi}} - p_0\right]A - \right.$$

$$\left. \frac{R_p}{2}C\cot\varphi\left[\left(\frac{R_p}{r_0}\right)^{\frac{2\sin\varphi}{1-\sin\varphi}} - 1\right]B\right\} \tag{6-47}$$

6.3.3 围岩破裂区变形分析

在巷道围岩变形分析中最重要的是得到巷道表面的变形量,所要求解得到的就是破裂区的位移。破裂区整体位移包括两个方面,一是由于塑性区变形而产生的巷道整体变形,二是由于破裂区体积扩大而产生的位移。在整个求解过程中,塑性区变形使破裂区产生的位移可以通过交界面处的位移表示(与交界面处位移相等),扩容产生的位移则通过力学分析得到。

在破裂区中,假设在某点存在两个应变 ε_{rc} 和 $\varepsilon_{\theta c}$,并存在如下关系:

$$\frac{\varepsilon_{rc}}{\varepsilon_{\theta c}} = \mu_c \tag{6-48}$$

式中, μ_c 表示破裂区内部的泊松比。

根据应变定义,在塑性区与破裂区交界面处有:

$$\mu_{R_c} = \frac{\left[(p_1+C\cot\varphi)\left(\dfrac{R_c}{r_0}\right)^{\frac{2\sin\varphi}{1-\sin\varphi}}-C\cot\varphi\right]-\dfrac{\mu}{1-\mu}\left[\dfrac{1+\sin\varphi}{1-\sin\varphi}(p_1+C\cot\varphi)\left(\dfrac{R_c}{r_0}\right)^{\frac{2\sin\varphi}{1-\sin\varphi}}-C\cot\varphi\right]}{\left[\dfrac{1+\sin\varphi}{1-\sin\varphi}(p_1+C\cot\varphi)\left(\dfrac{R_c}{r_0}\right)^{\frac{2\sin\varphi}{1-\sin\varphi}}-C\cot\varphi\right]-\dfrac{\mu}{1-\mu}\left[(p_1+C\cot\varphi)\left(\dfrac{R_c}{r_0}\right)^{\frac{2\sin\varphi}{1-\sin\varphi}}-C\cot\varphi\right]}$$

$$(6\text{-}49)$$

$$\mu_{R_a} = \frac{\left[(p_1+C_a\cot\varphi_a)\left(\dfrac{r}{r_0}\right)^{\frac{2\sin\varphi_a}{1-\sin\varphi_a}}-C_a\cot\varphi_a\right]-\dfrac{\mu}{1-\mu}\left[\dfrac{1+\sin\varphi_a}{1-\sin\varphi_a}(p_1+C_a\cot\varphi_a)\left(\dfrac{r}{r_0}\right)^{\frac{2\sin\varphi_a}{1-\sin\varphi_a}}-C_a\cot\varphi_a\right]}{\left[\dfrac{1+\sin\varphi_a}{1-\sin\varphi_a}(p_1+C_a\cot\varphi_a)\left(\dfrac{r}{r_0}\right)^{\frac{2\sin\varphi_a}{1-\sin\varphi_a}}-C_a\cot\varphi_a\right]-\dfrac{\mu}{1-\mu}\left[(p_1+C_a\cot\varphi_a)\left(\dfrac{r}{r_0}\right)^{\frac{2\sin\varphi_a}{1-\sin\varphi_a}}-C_a\cot\varphi_a\right]}$$

$$(6\text{-}50)$$

在破裂区内部近似认为:

$$\mu_c = \frac{\mu_{R_c}+\mu_{R_a}}{2} \tag{6-51}$$

在破裂区内部其几何方程近似认为:

$$\begin{cases} \varepsilon_r^p = \dfrac{\mathrm{d}u_r^p}{\mathrm{d}r} \\[2mm] \varepsilon_\theta^p = \dfrac{u_r^p}{r} \end{cases} \tag{6-52}$$

所以:

$$\frac{\mathrm{d}u_{rc}}{\mathrm{d}r} = \mu_c \frac{u_{rc}}{r} \tag{6-53}$$

求解可得:

$$u_{rc} = \beta r^{\mu_c} \tag{6-54}$$

其中,β 是积分常数。

在塑性区与破裂区的交界面上,位移是连续的,即:

$$u_{rc}/_{r=R_c} = u_{rp}/_{r=R_c} \tag{6-55}$$

将式(6-47)、式(6-54)代入式(6-55)可得:

$$\beta R_c^{\mu_c} = \frac{R_p}{R_c}\left\{\frac{p_0 R_p}{2}(1-2\mu)A - \frac{R_p}{2}\left[p_1\left(\frac{R_p}{r_0}\right)^{\frac{2\sin\varphi}{1-\sin\varphi}}-p_0\right]A - \frac{R_p}{2}C\cot\varphi\left[\left(\frac{R_p}{r_0}\right)^{\frac{2\sin\varphi}{1-\sin\varphi}}-1\right]B\right\}$$

$$(6\text{-}56)$$

求解可得:

$$\beta = \frac{R_p}{R_c^{(1+\mu_c)}}\left\{\frac{p_0 R_p}{2}(1-2\mu)A - \frac{R_p}{2}\left[p_1\left(\frac{R_p}{r_0}\right)^{\frac{2\sin\varphi}{1-\sin\varphi}}-p_0\right]A - \right.$$
$$\left. \frac{R_p}{2}C\cot\varphi\left[\left(\frac{R_p}{r_0}\right)^{\frac{2\sin\varphi}{1-\sin\varphi}}-1\right]B\right\} \tag{6-57}$$

将式(6-57)代入式(6-54)可得：

$$u_{rc} = \frac{R_p}{R_c^{(1+\mu_c)}} \left\{ \frac{p_0 R_p}{2}(1-2\mu)A - \frac{R_p}{2}\left[p_1 \left(\frac{R_p}{r_0}\right)^{\frac{2\sin\varphi}{1-\sin\varphi}} - p_0 \right]A - \frac{R_p}{2}C\cot\varphi\left[\left(\frac{R_p}{r_0}\right)^{\frac{2\sin\varphi}{1-\sin\varphi}} - 1 \right]B \right\}r^{\mu_c}$$

$$(6-58)$$

那么，在破裂区与让压壳的交界面上有：

$$u_{rc}/_{r=R_a} = \frac{R_p}{R_c^{(1+\mu_c)}} \left\{ \frac{p_0 R_p}{2}(1-2\mu)A - \frac{R_p}{2}\left[p_1 \left(\frac{R_p}{r_0}\right)^{\frac{2\sin\varphi}{1-\sin\varphi}} - p_0 \right]A - \frac{R_p}{2}C\cot\varphi\left[\left(\frac{R_p}{r_0}\right)^{\frac{2\sin\varphi}{1-\sin\varphi}} - 1 \right]B \right\}R_a^{\mu_c}$$

$$(6-59)$$

式(6-59)就是破裂区内边界最终的变形量。

6.3.4 破裂区内部让压壳变形分析

可以将让压壳变形问题看作塑性变形问题求解，根据前面求解塑性区变形的方法，由于让压壳具有整体移动变形的特点，分析时认为让压壳是在小变形情况下体积不变，即：

$$\varepsilon_a = \varepsilon_{ra} + \varepsilon_{\theta a} = 0 \tag{6-60}$$

在巷道变形的物理意义上可以表示为：

$$\Delta A/_{r=R_a} = \Delta A/_{r=r_0} \tag{6-61}$$

即：

$$2\pi R_a u_{rc}/_{r=R_a} = 2\pi r_0 u_{ra}/_{r=r_0} \tag{6-62}$$

将式(6-59)代入式(6-62)可得：

$$u_{ra}/_{r=r_0} = \frac{R_p R_a^{\mu_c}}{R_a^{(1+\mu_c)} r_0} \left\{ \frac{p_0 R_p}{2}(1-2\mu)A - \frac{R_p}{2}\left[p_1 \left(\frac{R_p}{r_0}\right)^{\frac{2\sin\varphi}{1-\sin\varphi}} - p_0 \right]A - \right.$$

$$\left. \frac{R_p}{2}C\cot\varphi\left[\left(\frac{R_p}{r_0}\right)^{\frac{2\sin\varphi}{1-\sin\varphi}} - 1 \right]B \right\} \tag{6-63}$$

6.4 软岩巷道让压壳支护强度与支护时机确定

采用全长锚固预应力锚杆支护改变巷道浅部围岩结构，提高其强度，使巷道浅部围岩形成厚度小、强度高、整体连续的让压壳结构，让压壳支护可以控制巷道初期剧烈变形，起到承载让压的作用，一次支护强度就是让压壳支护强度。

6.4.1 软岩巷道一次支护围岩变形分析

6.4.1.1 软岩巷道一次支护围岩变形表达式

在实际工程中，巷道变形体现在巷道内部。通过分析，最终得到两部分巷道变形：一部分是巷道开挖时刻的瞬时变形量，如式(6-5)所列；另一部分是通过理论计算得到的巷道破裂区变形，如式(6-63)所列。因为理论分析时，式(6-63)是整体加压的一个过程分析，其中包含了式(6-5)中巷道开挖时刻的瞬时变形，所以巷道变形量应该是二者的差值，即：

$$u_r = u_{rc}/_{r=r_0} - u_0$$

$$= \frac{R_p R_a^{\mu_c}}{R_c^{(1+\mu_c)} r_0} \left\{ \frac{p_0 R_p}{2}(1-2\mu)A - \frac{R_p}{2}\left[p_1 \left(\frac{R_p}{r_0}\right)^{\frac{2\sin\varphi}{1-\sin\varphi}} - p_0 \right]A - \right.$$

$$\left. \frac{R_p}{2}C\cot\varphi \left[\left(\frac{R_p}{r_0}\right)^{\frac{2\sin\varphi}{1-\sin\varphi}} - 1 \right]B \right\} - \frac{1-2\mu}{2G}p_0 r_0 \tag{6-64}$$

6.4.1.2 软岩巷道一次支护围岩变形分析

（1）−850 m东皮带大巷围岩力学参数

塑性区：黏聚力 $C=1.38$ MPa，内摩擦角 $\varphi=20°$；破裂区：黏聚力 $C_c=0.46$ MPa，内摩擦角 $\varphi_c=18°$；原岩应力 $p_0=22.5$ MPa，巷道半径 $r_0=2.7$ m，$E_M=1.17$ GPa，$E_K=0.97$ GPa，$\eta_M=10.58$ GPa·h，$\eta_K=0.94$ GPa·h。

根据全长锚固预应力锚杆支护作用机理，锚杆对围岩的支护作用主要通过两个方面来实现：一方面，锚杆通过轴向应力改变围岩受力状态，使锚固体由二向应力状态转变为三向应力状态，提高围岩的强度；另一方面，锚杆通过与锚固体的横向连接而承受剪应力及弯矩，提高锚固体的力学参数。从大量抗摩擦和抗剪试验中可知，围岩强度随变形发展而衰减主要是黏聚力和内摩擦角变化的结果，因此锚杆支护对围岩力学参数的改善，主要是黏聚力和内摩擦角的改善。所以，全长锚固预应力锚杆支护作用（让压壳支护作用）可以简化为围岩均布支护力以及围岩黏聚力和内摩擦角的改变，根据锚杆支护围岩强化理论可知：

$$C_a = C_c + \frac{p_1}{\sqrt{3}\cos\left(45°-\frac{\varphi_c}{2}\right)} \tag{6-65}$$

$$p_1 = \frac{\sigma_s \pi d^2}{4n_1 n_2} \tag{6-66}$$

$$\sigma_1^* = \frac{2C_a \cos\varphi_a}{1-\sin\varphi_a} \tag{6-67}$$

式中，σ_1^* 为让压壳支护围岩强度。根据大量锚杆支护强化试验结论，将−850 m东皮带大巷围岩参数代入式(6-65)～式(6-67)进行计算，可以确定出不同支护强度让压壳内等效黏聚力和内摩擦角，如表6-1所列。

表 6-1　不同支护强度让压壳等效内聚力和内摩擦角

p_1/MPa	0	0.1	0.2	0.3	0.4	0.5	0.6	0.7	0.8	1.0	2.0
C_a/MPa	0.46	0.53	0.60	0.67	0.75	0.82	0.89	0.96	1.03	1.17	1.89
φ_a/(°)	18.0	18.5	19.2	19.6	20.4	21.0	21.7	22.0	22.3	22.5	22.7

　　(2)不同支护强度围岩塑性区半径、破裂区半径、让压壳半径计算

　　将巷道围岩力学参数代入式(6-17)、式(6-23)、式(6-25)、式(6-28)和式(6-30)可计算出不同支护强度围岩塑性区半径、破裂区半径、让压壳半径,如表 6-2 所列。

表 6-2　不同支护强度围岩塑性区半径、破裂区半径、让压壳半径

p_1/MPa	0	0.1	0.2	0.3	0.4	0.5	0.6	0.7	0.8	1.0	2.0
R_p/m	11.63	11.34	11.07	10.810	10.560	10.32	10.090	9.880	9.670	9.28	7.74
R_c/m	4.940	4.860	4.790	4.725	4.671	4.600	4.536	4.442	4.428	4.320	3.850
R_a/m	2.70	3.05	3.32	3.56	3.71	3.84	3.99	4.04	4.12	4.20	4.97

　　(3)不同支护强度巷道围岩变形分析

　　将围岩力学参数及围岩塑性区半径、破裂区半径、让压壳半径等参数代入式(6-43)和式(6-64),得到不同一次支护强度巷道让压壳径向位移的表达式如下:

$$u_{ra}/_{r=r_0;p_1=0} = 145.945 - 192.310e^{-1.03t} + 9.874\,50t \tag{6-68}$$

$$u_{ra}/_{r=r_0;p_1=0.1} = 152.123 - 194.471e^{-1.03t} + 10.137\,60t \tag{6-69}$$

$$u_{ra}/_{r=r_0;p_1=0.2} = 149.063 - 187.535e^{-1.03t} + 9.865\,37t \tag{6-70}$$

$$u_{ra}/_{r=r_0;p_1=0.3} = 148.700 - 183.287e^{-1.03t} + 9.750\,28t \tag{6-71}$$

$$u_{ra}/_{r=r_0;p_1=0.4} = 146.114 - 177.008e^{-1.03t} + 9.510\,09t \tag{6-72}$$

$$u_{ra}/_{r=r_0;p_1=0.5} = 144.107 - 171.649e^{-1.03t} + 9.311\,94t \tag{6-73}$$

$$u_{ra}/_{r=r_0;p_1=0.6} = 142.480 - 166.758e^{-1.03t} + 9.138\,10t \tag{6-74}$$

$$u_{ra}/_{r=r_0;p_1=0.7} = 140.627 - 162.414e^{-1.03t} + 8.969\,72t \tag{6-75}$$

$$u_{ra}/_{r=r_0;p_1=0.8} = 136.075 - 154.967e^{-1.03t} + 8.634\,20t \tag{6-76}$$

$$u_{ra}/_{r=r_0;p_1=1.0} = 139.800 - 144.099e^{-1.03t} + 8.157\,05t \tag{6-77}$$

$$u_{ra}/_{r=r_0;p_1=2.0} = 114.730 - 111.804e^{-1.03t} + 6.861\,48t \tag{6-78}$$

　　根据不同支护强度让压壳径向位移的表达式,绘制出不同支护强度让压壳支护巷道位移随时间变化关系曲线,如图 6-5 所示。

　　由图 6-5 可知:随着时间的推移,让压壳位移不断增大,初期变形剧烈、变形

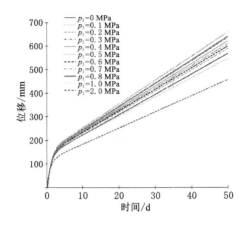

图 6-5　不同支护强度让压壳支护巷道位移随时间变化关系曲线

速度大;支护强度越大让压壳位移越小,在支护强度不能足够大时(这里足够大
是指支护强度超过围岩应力的大小,可以一次性支护使巷道稳定),支护强度对
巷道围岩变形影响较小。采用的一次支护强度达到 2 MPa 时,围岩变形仍然较
大,并且持续变形,巷道不能稳定,无法控制高应力泥化软岩巷道的长期流变,且
现有的巷道支护手段很难达到 2 MPa 的支护强度,即使不惜代价提高一次支护
强度,支护效果也不是很理想。

高应力泥化软岩巷道开挖后,立即进行一次支护形成永久支护,不允许巷道
变形,或者允许很小的变形量,支护体相当于承担围岩内的原始应力,由于高应
力泥化软岩巷道围岩内的原始应力是相当高的,现有的巷道支护手段是控制不
住的。一次支护采用锚网喷支护,由计算结果可知,一次支护阻止不了巷道变
形,尽管一次支护强度达到 2 MPa,仍然控制不住围岩变形,也就是说一次支护
对巷道变形的影响较小。

对于高应力泥化软岩巷道,一次支护强度不能太高也不能太低,要确定合理
的一次支护强度。一次支护强度过大(支护强度在不超过围岩应力范围内变
化),巷道变形小,围岩变形能无法充分释放或者释放能量过小,对二次支护不
利;一次支护强度过小,巷道变形速度和变形量较大,尽管对二次支护有利,但巷
道在变形的过程中可能会失稳垮冒,无法起到承载让压的作用。让压壳允许巷
道变形释放一定的围岩变形能,最好是能充分释放围岩变形能,这样可以大大降
低围岩应力,进而减少二次支护成本,达到控制高应力泥化软岩巷道长期流变的
效果。

6.4.2 软岩巷道让压壳支护围岩变形过程中能量释放

合理的一次支护强度(让压壳支护强度)要能使围岩变形能得到充分释放,因此必须分析不同一次支护强度下围岩变形过程中能量释放规律。

6.4.2.1 软岩巷道让压壳支护围岩变形过程中能量释放表达式

岩石内部的弹性能在围岩变形中以两种形式被释放出去,一部分是围岩由弹性状态变化到塑性状态与破裂状态时释放的能量,另一部分转化为围岩变形的动能。根据弹性力学知识,在塑性区与破裂区最开始围岩的应力状态为:

$$
\begin{cases}
\sigma_{re0} = q + (p_1 - q)\dfrac{r_0^2}{r^2} \\[2mm]
\sigma_{\theta e0} = q - (p_1 - q)\dfrac{r_0^2}{r^2}
\end{cases}
\tag{6-79}
$$

其应变表达式为:

$$
\begin{cases}
\varepsilon_{re0} = \dfrac{(1-\mu)}{2G}\left(\sigma_{re0} - \dfrac{\mu}{1-\mu}\sigma_{\theta e0}\right) \\[3mm]
\varepsilon_{\theta e0} = \dfrac{(1-\mu)}{2G}\left(\sigma_{\theta e0} - \dfrac{\mu}{1-\mu}\sigma_{re0}\right)
\end{cases}
\tag{6-80}
$$

这一部分包含的能量为:

$$
U = \int_0^{2\pi}\int_{r_0}^{R_p}\left(\frac{1}{2}\sigma_{re0}\varepsilon_{re0} + \frac{1}{2}\sigma_{\theta e0}\varepsilon_{\theta e0}\right)\mathrm{d}r\mathrm{d}\theta
\tag{6-81}
$$

当围岩由弹性状态转化为塑性以及破裂状态时,围岩中储存的能量为:

$$
U_1 = \int_0^{2\pi}\int_{R_c}^{R_p}\left(\frac{1}{2}\sigma_{rp}\varepsilon_{rp} + \frac{1}{2}\sigma_{\theta p}\varepsilon_{\theta p}\right)\mathrm{d}r\mathrm{d}\theta + \int_0^{2\pi}\int_{R_a}^{R_c}\left(\frac{1}{2}\sigma_{rc}\varepsilon_{rc} + \frac{1}{2}\sigma_{\theta c}\varepsilon_{\theta c}\right)\mathrm{d}r\mathrm{d}\theta +
$$
$$
\int_0^{2\pi}\int_{r_0}^{R_a}\left(\frac{1}{2}\sigma_{ra}\varepsilon_{ra} + \frac{1}{2}\sigma_{\theta a}\varepsilon_{\theta a}\right)\mathrm{d}r\mathrm{d}\theta
\tag{6-82}
$$

其中,σ_{rp},$\sigma_{\theta p}$ 如式(6-13)、式(6-14)所列,σ_{rc},$\sigma_{\theta c}$ 如式(6-23)所列,σ_{ra},$\sigma_{\theta a}$ 如式(6-28)所列。

塑性区、破裂区与让压壳应变关系与弹性区应变关系类似,其表达式为:

$$
\begin{cases}
\varepsilon_{rp} = \dfrac{(1-\mu)}{2G}\left(\sigma_{rp} - \dfrac{\mu}{1-\mu}\sigma_{\theta p}\right) \\[3mm]
\varepsilon_{\theta p} = \dfrac{(1-\mu)}{2G}\left(\sigma_{\theta p} - \dfrac{\mu}{1-\mu}\sigma_{rp}\right)
\end{cases}
\tag{6-83}
$$

$$
\begin{cases}
\varepsilon_{rc} = \dfrac{(1-\mu_c)}{2G_c}\left(\sigma_{rc} - \dfrac{\mu_c}{1-\mu_c}\sigma_{\theta c}\right) \\[3mm]
\varepsilon_{\theta c} = \dfrac{(1-\mu_c)}{2G_c}\left(\sigma_{\theta c} - \dfrac{\mu_c}{1-\mu_c}\sigma_{rc}\right)
\end{cases}
\tag{6-84}
$$

$$\begin{cases} \varepsilon_{ra} = \dfrac{(1-\mu_{\mathrm{a}})}{2G_{\mathrm{a}}}\left(\sigma_{ra} - \dfrac{\mu_{\mathrm{c}}}{1-\mu_{\mathrm{c}}}\sigma_{\theta a}\right) \\[3mm] \varepsilon_{\theta a} = \dfrac{(1-\mu_{\mathrm{a}})}{2G_{\mathrm{a}}}\left(\sigma_{\theta a} - \dfrac{\mu_{\mathrm{c}}}{1-\mu_{\mathrm{c}}}\sigma_{ra}\right) \end{cases} \tag{6-85}$$

其中，μ_{c}，G_{c} 分别为岩石破裂状态下的泊松比与剪切模量，μ_{a}，G_{a} 分别为让压壳的泊松比与剪切模量。

随着巷道的变形，塑性区与破裂区的动能变化为：

$$T_{\mathrm{d}} = \int_0^{2\pi}\int_{R_{\mathrm{c}}}^{R_{\mathrm{p}}}\left(\frac{1}{2}\rho r\,\frac{\partial u_{rp}}{\partial t}\right)\mathrm{d}r\mathrm{d}\theta + \int_0^{2\pi}\int_{R_{\mathrm{a}}}^{R_{\mathrm{c}}}\left(\frac{1}{2}\rho r\,\frac{\partial u_{rc}}{\partial t}\right)\mathrm{d}r\mathrm{d}\theta + \int_0^{2\pi}\int_{r_0}^{R_{\mathrm{c}}}\left(\frac{1}{2}\rho_{\mathrm{a}} r\,\frac{\partial u_{ra}}{\partial t}\right)\mathrm{d}r\mathrm{d}\theta \tag{6-86}$$

其中，ρ_{a} 表示让压壳的密度。

由此，在一次支护过程中，巷道让压壳支护围岩释放的弹性能表达式为：

$$\Delta U = U - U_1 + T_{\mathrm{d}} \tag{6-87}$$

将式(6-81)、式(6-82)、式(6-86)代入式(6-87)得：

$$\Delta U = \int_0^{2\pi}\int_{r_0}^{R_{\mathrm{p}}}\left(\frac{1}{2}\sigma_{re0}\varepsilon_{re0} + \frac{1}{2}\sigma_{\theta e0}\varepsilon_{\theta e0}\right)r\mathrm{d}r\mathrm{d}\theta - \left[\int_0^{2\pi}\int_{R_{\mathrm{c}}}^{R_{\mathrm{p}}}\left(\frac{1}{2}\sigma_{rp}\varepsilon_{rp} + \frac{1}{2}\sigma_{\theta p}\varepsilon_{\theta p}\right)r\mathrm{d}r\mathrm{d}\theta + \right.$$

$$\left. \int_0^{2\pi}\int_{R_{\mathrm{a}}}^{R_{\mathrm{c}}}\left(\frac{1}{2}\sigma_{rc}\varepsilon_{rc} + \frac{1}{2}\sigma_{\theta c}\varepsilon_{\theta c}\right)r\mathrm{d}r\mathrm{d}\theta + \int_0^{2\pi}\int_{r_0}^{R_{\mathrm{a}}}\left(\frac{1}{2}\sigma_{ra}\varepsilon_{ra} + \frac{1}{2}\sigma_{\theta a}\varepsilon_{\theta a}\right)r\mathrm{d}r\mathrm{d}\theta\right] +$$

$$\left[\int_0^{2\pi}\int_{R_{\mathrm{c}}}^{R_{\mathrm{p}}}\left(\frac{1}{2}\rho r\,\frac{\partial u_{rp}}{\partial t}\right)r\mathrm{d}r\mathrm{d}\theta + \int_0^{2\pi}\int_{R_{\mathrm{a}}}^{R_{\mathrm{c}}}\left(\frac{1}{2}\rho r\,\frac{\partial u_{rc}}{\partial t}\right)r\mathrm{d}r\mathrm{d}\theta + \right.$$

$$\left. \int_0^{2\pi}\int_{r_0}^{R_{\mathrm{c}}}\left(\frac{1}{2}\rho_{\mathrm{a}} r\,\frac{\partial u_{ra}}{\partial t}\right)r\mathrm{d}r\mathrm{d}\theta\right] \tag{6-88}$$

6.4.2.2 软岩巷道让压壳支护围岩变形过程中能量释放分析

将围岩力学参数代入式(6-88)，可得不同一次支护强度围岩能力释放与时间的关系表达式，见式(6-89)～式(6-99)。由式(6-89)～式(6-99)绘制出不同支护强度围岩释放能量随时间变化的关系曲线，如图 6-6 所示。

$$\Delta U_{p_1=0} = 480\,364.0 + 287\,095.0\mathrm{e}^{-0.412t} + 699\,563.0\mathrm{e}^{-0.206t} \tag{6-89}$$

$$\Delta U_{p_1=0.1} = 420\,758.0 + 247\,209.0\mathrm{e}^{-0.412t} + 600\,218.0\mathrm{e}^{-0.206t} \tag{6-90}$$

$$\Delta U_{p_1=0.2} = 362\,363.0 + 214\,603.0\mathrm{e}^{-0.412t} + 519\,260.0\mathrm{e}^{-0.206t} \tag{6-91}$$

$$\Delta U_{p_1=0.3} = 316\,183.0 + 186\,126.0\mathrm{e}^{-0.412} + 448\,872.0\mathrm{e}^{-0.206t} \tag{6-92}$$

$$\Delta U_{p_1=0.4} = 276\,792.0 + 161\,885.0\mathrm{e}^{-0.412t} + 389\,123.0\mathrm{e}^{-0.206t} \tag{6-93}$$

$$\Delta U_{p_1=0.5} = 243\,903.0 + 141\,668.0\mathrm{e}^{-0.412t} + 339\,425.0\mathrm{e}^{-0.206t} \tag{6-94}$$

$$\Delta U_{p_1=0.6} = 215\,640.0 + 124\,294.0\mathrm{e}^{-0.412t} + 296\,854.0\mathrm{e}^{-0.206t} \tag{6-95}$$

$$\Delta U_{p_1=0.7} = 193\,303.0 + 110\,570.0\mathrm{e}^{-0.412t} + 263\,323.0\mathrm{e}^{-0.206t} \tag{6-96}$$

$$\Delta U_{p_1=0.8} = 170\,746.0 + 96\,777.1\mathrm{e}^{-0.412t} + 229\,793.0\mathrm{e}^{-0.206t} \tag{6-97}$$

$$\Delta U_{p_1=1.0} = 136\ 822.0 + 78\ 093.4e^{-0.412t} + 182\ 046.0e^{-0.206t} \qquad (6\text{-}98)$$

$$\Delta U_{p_1=2.0} = 53\ 763.6 + 27\ 354.2e^{-0.412t} + 63\ 029.4e^{-0.206t} \qquad (6\text{-}99)$$

由图 6-6 可知:一次支护强度越小,在相同时间内,围岩释放能量越多,随着时间的增加,围岩释放能量逐渐减少,最后趋于稳定。不同一次支护强度围岩释放能量随时间变化趋势基本一致,巷道变形 10 d 内,围岩能量释放的变化率较大,10 d 以后围岩能量释放的变化率不大,巷道变形 20 d 以后围岩能量释放的变化率趋于稳定,但围岩仍然不断释放能量。巷道围岩能量释放是一个卸压的过程,随着围岩变形的增加,巷道围岩内部应力逐渐降低,但是围岩储存的能量却不断释放。

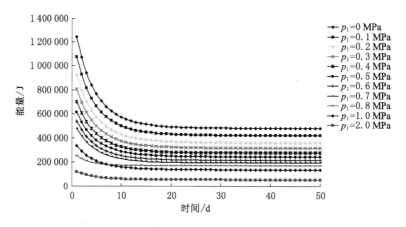

图 6-6　不同支护强度围岩释放能量随时间变化的关系曲线

6.4.3　软岩巷道让压壳支护强度及支护时机确定

对于高应力泥化软岩巷道,基于让压壳-网壳耦合支护原理进行支护设计;一次支护使巷道浅部围岩形成厚度不大但强度高的壳体结构——让压壳,让压壳内部应力均匀且处于受压状态。让压壳的形成取决于一次支护强度及参数的大小,因此巷道支护成功的关键之一是确定合理的一次支护强度(让压壳支护强度)与支护时机。

由围岩释放能量随变形时间的关系可知,巷道变形 20 d 以后,围岩能量释放基本不变,围岩变形量不断增大,围岩应力降低比较平缓,因此认为预留让压空间大小为巷道变形 20 d 时围岩位移大小。根据不同一次支护强度条件下的让压壳半径,可计算出不同一次支护强度让压壳厚度,如表 6-3 所列。由计算结果可知一次支护强度越大,让压壳厚度越大。由于一次让压壳支护是由锚网喷支护形成的,让压壳厚度不能超过锚杆长度。由第 4 章的研究结论可知,锚杆长度以不超过 1.6 m 为宜,锚杆间排距合理范围为 0.75 m×0.75 m~0.55 m×0.55 m。考虑喷层及网、钢带等支护作用,结合让压壳的厚度,其合理的让压壳支护强度是 0.3~0.4 MPa。由式(6-71)和式(6-72)可计算出让压壳支护强度为 0.3 MPa 时,巷道变形 20 d 时围岩径向位移为 344 mm;让压壳支护强度为 0.4 MPa 时,巷道变形 20 d 时围岩径向位移为 336 mm。根据某矿-850 m 东皮带大巷围岩特点,巷道掘出后及时支护。

表 6-3　不同一次支护强度让压壳厚度

p_1/MPa	0	0.1	0.2	0.3	0.4	0.5	0.6	0.7	0.8	1.0	2.0
R_a/m	2.70	3.05	3.32	3.56	3.71	3.84	3.99	4.04	4.12	4.20	4.97
M_q/m	0.00	0.35	0.62	0.86	1.01	1.14	1.29	1.34	1.42	1.50	2.27

6.5　软岩巷道网壳支护强度与支护时机确定

让压壳-网壳耦合支护技术采用的是一次让压壳支护,二次网壳衬砌支架支护,根据前面的分析,确定网壳支护时机是在让压壳支护后 20 d。网壳支护的主要目的是控制高应力泥化软岩巷道围岩长期流变,网壳支护强度是巷道能够长期稳定的关键。随着时间的变化,巷道围岩整体变形状态由蠕变状态转化到应力松弛状态。巷道围岩弹性区、塑性区、破裂区的表现是其剪切模量 G 随着时间的变化而变化,即岩石的剪切模量由初始剪切模量逐渐转化为长期剪切模量,整个过程可以用一个函数表示,即:

$$G = G(t) \tag{6-100}$$

当 $t = 0$ 时,$G = G_0$ 表示岩体的初始剪切模量;当 $t = \infty$ 时,$G = G_\infty$ 表示岩体的长期剪切模量。

在一次让压壳支护分析过程中,对于这一过程不考虑,是因为一次支护仅仅是在一段时间范围内对巷道的支护作用,并且这一过程流变问题分析的对象是岩石的整体蠕变过程,因此,在分析过程中参数选取都是根据岩石的状态具体选取的。在进行网壳支护分析时,所要考虑的问题是建立在让压壳支护的基础上的,随着时间的变化,由于变形以及载荷的原因,围岩应力状态逐渐变化,具体表现如前面所述。

对于让压壳而言,其应力松弛的具体表现在支护载荷、黏聚力以及内摩擦角三个方面。支护载荷的确定与施工工艺及让压壳整体岩石特性有关,整体转化的过程可以表示为：

$$p_1 = p_1(t) \tag{6-101}$$

在这一过程中，让压壳的参数也是随着时间的变化而变化的，即：

$$C_a = C_a(t), \varphi_a = \varphi_a(t)$$

随着时间的变化，三者都是在逐渐变化的，在一次支护过程中让压壳径向应力 σ_{ra} 的大小也是在不断变化的，具体表达式为：

$$\sigma_{ra} = \left[p_1(t) + C_a(t)\cot\varphi_a(t)\right]\left(\frac{r}{r_0}\right)^{\frac{2\sin\varphi_a(t)}{1-\sin\varphi_a(t)}} - C_a(t)\cot\varphi_a(t) \tag{6-102}$$

在二次支护之前，进行理论分析的目的是确定合理的网壳支护强度，以此为巷道支护设计提供参考。在一次支护的作用下，巷道浅部围岩形成让压壳，并在让压壳不失稳的条件下充分释放围岩变形能。假设让压壳在网壳支护之前已经完全破坏，失去承载能力，此时的支护作用载荷 $p_1(t)$ 降低到最小，即：

$$p_1(t) = 0$$

此时让压壳的力学参数仍然为不同一次支护强度相对应的参数值。随着变形时间的增加，巷道围岩径向应力 σ_{ra} 不断降低，网壳支护强度 p_2 应不小于巷道径向应力 σ_{ra}，即：

$$p_2 \geqslant \sigma_{ra} \tag{6-103}$$

表 6-4　高应力泥化软岩巷道一次支护强度对应的二次支护强度的大小

p_1/MPa	0	0.1	0.2	0.3	0.4	0.5	0.6	0.7	0.8	1.0	2.0
p_2/MPa	0	0.190	0.390	0.600	0.816	1.030	1.300	1.470	1.700	2.060	5.200

如果一次支护强度不能足够大，那么巷道的变形是不可避免的，并且会持续不断，具有显著的流变特性，由图 6-5 所示。由表 6-4 可知，如果一次支护强度为零，也就是不进行一次支护，围岩强度和结构没有改变，随时间的变化，巷道围岩变形速度大、变形剧烈，围岩应力和围岩强度衰减得较快，最后巷道会破坏失稳而无法满足生产需要，因此也不需要进行二次支护，所以二次支护强度为零。

一次支护强度越大，在相同时间内，巷道变形量越小，围岩释放变形能越少；由于支护强度不能足够大，巷道变形量会继续增大，巷道围岩变形能迟早要释放出来，因此需要的二次支护强度也要大一些。当一次支护强度为 0.1 MPa 时，二次支护强度增加到 0.19 MPa；当一次支护强度达到 1.0 MPa 时，二次支护强度要达到 2.060 MPa。相反，一次支护强度越小，在相同时间内，巷道变形量越大，围岩释放塑性变形能越多，围岩应力越低，需要的二次支护强度也越小。但一次支护强度过小，变形量过大，巷道在变形的过程可能失稳垮冒，无法达到应有的支护作用,因此让压壳支护与网壳支护在强度、刚度、结构上要完全耦合。由于合理的让压壳支护强度为 0.3～0.4 MPa,因此网壳支护强度为 0.600～0.816 MPa。让压壳支护时机为巷道开挖后及时支护,网壳支护时机为让压壳支护后 20 d。

6.6　本章小结

本章根据弹塑性力学及岩石流变理论对高应力软岩巷道围岩应力变形问题进行了系统分析,建立了软岩巷道让压壳支护围岩力学模型,按照围岩应力变化状态将其细分为弹性区、塑性区、破裂区、让压壳四个应力状态区。推导出塑性区半径、破裂区半径、让压壳半径计算式和应力计算式;推导出让压壳支护围岩位移表达式以及围岩释放能量计算公式,以某矿－850 m 东皮带大巷为工程背景,分析了软岩巷道让压壳支护围岩位移、能量释放等。确定出让压壳支护强度与支护时机、网壳支护强度与支护时机。具体结论如下:

(1)建立软岩巷道让压壳支护围岩力学模型,推导出塑性区半径、破裂区半径、让压壳半径计算式及应力计算式;推导出围岩位移表达式以及围岩释放能量计算公式,得到了让压壳支护强度与网壳支护强度的关系,确定了东皮带大巷让压壳厚度与支护强度及时机、网壳支护强度与时机。

(2)高应力泥化软岩巷道一次支护强度不能太高,也不能太低,要确定一个合理的支护强度。一次支护强度过大(支护强度不足以超过围岩应力),巷道变形小,围岩变形能无法充分释放或者释放过少,对二次支护不利;一次支护强度过小,巷道变形速度和变形量较大,尽管对二次支护有利,但巷道在变形的过程中可能会失稳垮冒,无法起到承载让压的作用。让压壳允许巷道变形释放一定的变形能,最好是能充分释放,这样可以大大降低围岩应力,进而减少二次网壳支护成本,达到控制高应力软岩巷道长期流变的效果。

(3)一次支护强度越小,在相同时间内,围岩释放能量越大;随着变形时间增加,围岩释放能量逐渐减小,最后趋于稳定;不同支护强度围岩释放能量随时间变化规律基本一致。巷道变形 10 d 内,围岩能量释放的变化率较大,10 d 以后围岩能量释放的变化率不大,巷道变形 20 d 以后围岩能量释放的变化率趋于稳定,但围岩仍然不断释放能量。巷道围岩能量释放是一个卸压的过程,随着围岩能量不断释放,围岩应力逐渐降低,但巷道围岩变形量在不断增加。

(4)一次支护强度越大,在相同时间内,巷道变形量越少,围岩释放变形能越小,由于支护强度不能足够大,巷道变形量会继续增大,围岩变形能迟早要释放出来,因此需要的二次支护强度也要大一些;相反,一次支护强度越小,在相同时间内,巷道变形量越大,围岩释放变形能越多,围岩应力越小,需要的二次支护强度也越小,但一次支护强度过小,变形量过大,巷道在变形的过程中可能失稳垮冒,无法起到应有的支护作用。

(5) 由于让压壳支护强度为 0.3～0.4 MPa,因此网壳支护强度为 0.600～0.816 MPa。当一次让压壳支护强度为 0.3 MPa 时,巷道变形 20 d 时围岩径向位移为 344 mm;当一次让压壳支护强度为 0.4 MPa 时,巷道变形 20 d 时围岩径向位移为 336 mm。让压壳支护时机为巷道掘出后及时支护,网壳支护时机为让压壳支护后 20 d。

7 软岩巷道围岩控制方案及工业性试验

软岩巷道稳定性控制问题一直没有解决,特别是复杂条件下的高应力泥化软岩巷道支护难度极高,目前无法通过一次性支护手段使巷道长期处于安全稳定状态。现有的巷道支护理论与技术不能解释其失稳机理,基于此况,提出让压壳-网壳耦合支护理论与技术控制高应力泥化软岩巷道的有害变形,具有重要的现实意义。本章基于让压壳-网壳耦合支护原理与技术,以某矿-850 m 东皮带大巷延伸段为试验巷道,确定了断面形状及尺寸,设计了合理的网壳支架,并对其承载能力进行了分析;确定了-850 m 东皮带大巷支护方案及参数,并进行了支护布置设计;分析了卸压控顶巷道施工技术与工艺过程。为了检验支护设计的合理性,笔者采用 FLAC³ᴰ 软件模拟分析了让压壳-网壳耦合支护效果,并将研究成果用于现场,通过现场监测,分析了-850 m 东皮带大巷支护效果,进而对支护设计进行优化。

7.1 -850 m 东皮带大巷断面形状及尺寸的确定

巷道是井下生产的通道,合理确定其断面形状及尺寸,直接关系到煤矿生产的安全和经济效果。合理的断面形状及尺寸既要能满足通风、运输、设备安装、支护安全的需要,又要能尽量减少巷道的掘进和支护费用。

7.1.1 -850 m 东皮带大巷断面形状确定

经济有效地控制巷道的稳定性是巷道支护设计的关键。巷道的稳定性与其断面形状及尺寸有密切关系。巷道断面形状的选择取决于巷道所穿过岩层的物理力学性质、矿山压力的大小和方向、巷道的服务年限和用途。目前普遍采用的直墙半圆拱形断面,适用于顶压大、侧压小、无底鼓的条件。马蹄形断面适用于围岩松软、有膨胀性、顶压和侧压很大并有一定底压的巷道。圆形断面适用于膨胀性软岩,且四周压力均很大的条件。当四周压力很大但分布不均时,采用椭圆形断面,并根据顶压和侧压的大小,采用竖直或水平方式布置。根据-850 m 东皮带大巷围岩工程地质条件,参考前面章节的研究结果,直墙半圆拱形断面巷道底鼓严重;带反底拱的直墙半圆拱形断面巷道围岩受力较均匀,受力特点好,控制底鼓效果好。因此确定－850 m 东皮带大巷断面形状为带反底拱的直墙半圆拱形,近似为马蹄形。

7.1.2 直墙半圆拱形断面尺寸确定

根据通风、运输、行人及设备安装等的要求,确定出巷道设计断面尺寸,再根据巷道围岩应力与变形规律确定出巷道两帮收敛值及顶板下沉量、底鼓量,计算出预留让压空间大小,另外应考虑喷层厚度及二次网壳衬砌支架厚度,最终确定－850 m 东皮带大巷掘进断面尺寸为设计断面尺寸＋预留让压空间大小＋喷层厚度＋网壳衬砌支架厚度。根据－850 m 东皮带大巷围岩地质条件及通风、运输、行人及设备安装等需要,东皮带大巷直墙半圆拱形设计断面尺寸为4.4 m×3.7 m,考虑预留让压空间大小为 38 cm、喷层厚度为 8 cm 以及网壳支架喷射混凝土后形成的网壳衬砌支架厚度为 14 cm,确定－850 m 东皮带大巷延伸段直墙半圆拱形掘进断面尺寸为 5.6 m×4.3 m。

7.1.3 －850 m 东皮带大巷反底拱拱高确定

合理的反底拱拱高是控制东皮带大巷底板稳定性的关键因素之一,加设反底拱不但能防治底鼓,同时对两帮和顶部位移的抑制作用也非常明显。根据巷道水平力的大小以及围岩工程地质条件建立力学模型,推导出反底拱中点弯矩的计算式,分析了反底拱中点弯矩与拱高的关系,结合不同拱高的反底拱开挖工程量,确定合理的反底拱拱高。

7.1.3.1 巷道底板反拱力学模型

将反底拱受的水平力及竖直力的作用转化为沿反底拱法向力的作用,基于曲梁特点,将巷道反底拱简化成具有初始挠度的两端简支梁,初始挠曲线为圆弧线。设反底拱受法向力为 q_f,建立反底拱力学模型如图 7-1 所示。

模型结构具有对称性,因此可以取模型结构的右部分进行讨论。简化后的反底拱力学模型变为静定结构,如图 7-2 所示。

7.1.3.2 巷道反底拱拱高与弯矩关系

建立力学模型,利用力法原理建立方程,求出模型中反底拱各点弯矩 $M(\theta)$,如式(7-1)所列。

$$M(\theta) = -\frac{q_{fy}R_{fg}^2 2h_{fg}(a+b+c)\left[R_{fg}(1-\cos\theta)-h_{fg}\right]}{\alpha(2h_{fg}^2-4h_{fg}R_{fg}+3R_{fg}^2)+R_{fg}\sin\alpha(4h_{fg}-4R_{fg}+R_{fg}\cos\alpha)} -$$

$$\frac{q_{fy}R_{fg}^3(1-\cos\theta)}{h_{fg}}N + q_{fy}R_{fg}^2\left[\frac{1}{2}\sin^2\theta+1-\cos\theta+\cos\theta\ln(\cos\theta)\right] \quad (7\text{-}1)$$

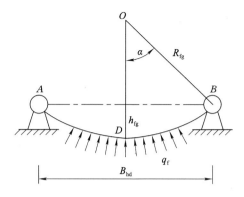

图 7-1 巷道反底拱力学模型

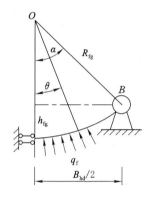

图 7-2 反底拱力学模型的简化模型

$$a = \frac{6[5h_{fg}^2 - h_{fg}(7 + 4N)R_{fg} + 6NR_{fg}^2]\alpha - 2[12h_{fg}^2 - h_{fg}(25 + 12N)R_{fg} +}{24h_{fg}^2}$$

$$\frac{24NR_{fg}^2] + 3(h_{fg}^2 + h_{fg}R_{fg} - 2NR_{fg}^2)\cos\alpha + h_{fg}R_{fg}\cos 2\alpha \sin\alpha}{24h_{fg}^2} \qquad (7\text{-}2)$$

$$b = \left(1 - \frac{R_{fg}}{h_{fg}}\right)\left[\ln\left(\frac{\cos\alpha + \sin\alpha}{\cos\alpha - \sin\alpha}\right) + \sin\alpha\ln(\cos\alpha) - \sin\alpha\right] \qquad (7\text{-}3)$$

$$c = \frac{R_{fg}}{h_{fg}}\left[\frac{1}{2}\sin\alpha\cos\alpha\ln(\cos\alpha) + \frac{\alpha}{4} - \frac{1}{4}\sin\alpha\cos\alpha - \frac{\alpha^5}{120} - \frac{\alpha^3}{72}\right] \qquad (7\text{-}4)$$

$$N = \frac{1}{2}\sin^2\alpha + 1 - \cos\alpha + \cos\alpha\ln(\cos\alpha) \qquad (7\text{-}5)$$

$$\begin{cases} q_{fx} = q_f \sin \theta \\ \dfrac{q_{fx}}{q_{fy}} = \tan \theta \\ q_{fy} = q_f \cos \theta \end{cases} \tag{7-6}$$

$$R_{fg} = \frac{h_{fg}}{2} + \frac{B_{hd}^2}{8h_{fg}} \tag{7-7}$$

$$\alpha = \arccos \left| \frac{\dfrac{B_{hd}^2}{8h_{fg}} - \dfrac{h_{fg}}{2}}{\dfrac{h_{fg}}{2} + \dfrac{B_{hd}^2}{8h_{fg}}} \right| \tag{7-8}$$

式中　q_{fx}——反底拱承受的巷道水平应力，MPa；

　　　q_{fy}——反底拱承受的巷道垂直应力，MPa；

　　　R_{fg}——反底拱半径，m；

　　　h_{fg}——反底拱拱高，m；

　　　B_{hd}——巷道宽度，m。

－850 m 东皮带大巷掘进宽度 $B_{hd}=5.6$ m，θ 在 $0\sim\alpha$ 之间变化，取 $\theta=\alpha$，分析反底拱在不同水平应力作用下中点弯矩与拱高变化的关系。－850 m 东皮带

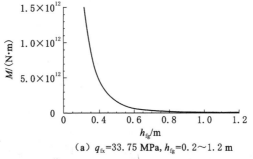

（a）$q_{fx}=33.75$ MPa，$h_{fg}=0.2\sim1.2$ m

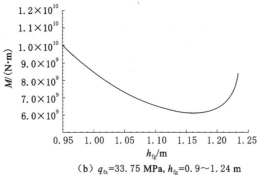

（b）$q_{fx}=33.75$ MPa，$h_{fg}=0.9\sim1.24$ m

图 7-3　反底拱中点的弯矩随反底拱拱高变化的关系曲线

大巷埋深为 900 m,侧压系数 $\lambda=1.5$,因此 $q_{\text{fx}}=33.75$ MPa,代入式(7-1)和式(7-6)进行计算,然后绘制出反底拱中点的弯矩随反底拱拱高变化的关系曲线,如图 7-3 所示。根据计算结果可知,反底拱中点 D 的弯矩随反底拱拱高 h_{fg} 的增加是先减小后增大,反底拱拱高为 1.17 m 时,中点 D 的弯矩最小。

7.1.3.3 巷道反底拱拱高确定

合理的反底拱拱高既要保证对控制巷道底鼓有利,又要尽量减少因开挖反底拱增加的开挖工程量。巷道掘进 1 m 时,计算出反底拱拱高 h_{fg} 从 0.1~1.4 m 的反底拱开挖工程量,如表 7-1 所列。绘制出的巷道反底拱开挖工程量随反底拱拱高变化关系曲线如图 7-4 所示。根据表 7-1 和图 7-4 可知:随着反底拱拱高的增大,开挖工程量不断增加,当拱高超过 1.0 m 时,开挖工程量增加幅度较大;反底拱拱高为 1.17 m 时,反底拱中点 D 弯矩最小。综合考虑以上分析结果后,确定出反底拱拱高为 1.0 m。

表 7-1 巷道反底拱开挖工程量随拱高变化值(巷道掘进 1 m)

反底拱拱高/m	0.1	0.2	0.3	0.4	0.5	0.6	0.7	0.8	0.9	1.0	1.1	1.2	1.3	1.4
开挖工程量/m³	0.44	0.90	1.36	1.85	2.38	2.95	3.59	4.33	5.23	6.35	7.88	10.14	14.08	23.35

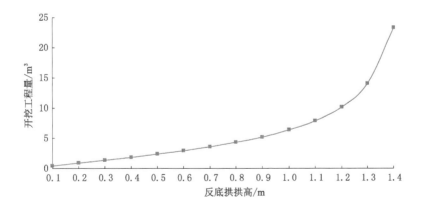

图 7-4 巷道反底拱开挖工程量随反底拱拱高变化关系曲线

7.2 网壳支架设计及承载能力分析

7.2.1 网壳支架设计

网壳支架由数片网壳构件组成,网壳构件之间用螺栓通过连接板连接。每片网壳构件纵截面为拱形,设计要求将各种钢筋组合成双层网壳,用较少的钢材构成空间稳定性很强且具有较大可缩性的承载结构。根据某矿－850 m 东皮带大巷断面形状及尺寸,结合围岩地质条件以及二次网壳衬砌支架支护强度的要求,设计合理的网壳支架。－850 m 东皮带大巷全封闭网壳支架由 6 片网壳构件组成,两端各焊接一块带螺栓孔的连接板,两片网壳构件拼装时用 φ24 螺栓进行连接,连接板厚度为 50 mm。

每片网壳构件有 9 根纵向钢筋,在构件横截面内分成 3 组(3 根 1 组),均按三角形布置。布置成 3 个三角形的 9 根纵向钢筋由横向桥形架连成整体。1#、2#、5#、6# 纵骨筋采用 φ12 圆钢,3#、4#、8# 纵骨筋采用 φ14 圆钢,7#、9# 弦杆采用 φ24 圆钢,桥形架及横连筋采用 φ8 圆钢。双层网壳结构图如图 7-5 所示,顶板网壳构件立体图如图 7-6 所示,马蹄形全断面网壳支架如图 7-7 所示,网壳构件实物图如图 7-8 所示。

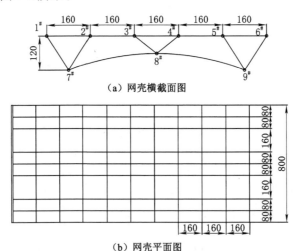

(a) 网壳横截面图

(b) 网壳平面图

图 7-5 双层网壳结构图

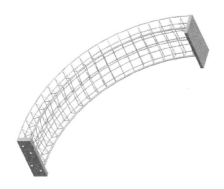

图 7-6　顶板网壳构件立体图

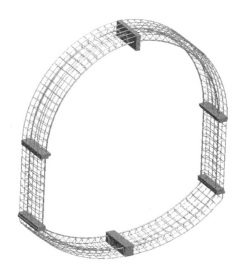

图 7-7　马蹄形全断面网壳支架

图 7-8　网壳构件实物图

7.2.2 网壳支架承载能力的确定

网壳衬砌支架是一种钢筋混凝土结构,但已有研究对钢筋混凝土的力学性能分析还不够完善,为了能正确分析钢筋混凝土的应力和内力,采用有限元法对钢筋网壳衬砌支架进行数值模拟,分析网壳衬砌支架的极限承载能力。

采用 ANSYS 软件中 Soild65 单元和 Link8 单元进行耦合处理后模拟混凝土和钢筋,按照网壳支架结构形式建立计算模型,对模型两端施加全约束,在模型外侧表面施加面载荷 Q,不断增加 Q 的值,直到结构破坏为止,以模拟结构的极限承载能力。筋轴的轴力图如图 7-9 所示,$7^\#$ 和 $9^\#$ 弦杆轴力图如图 7-10 所示。

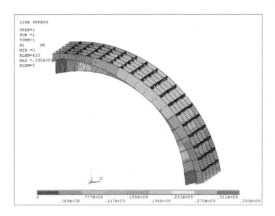

图 7-9 筋轴的轴力图

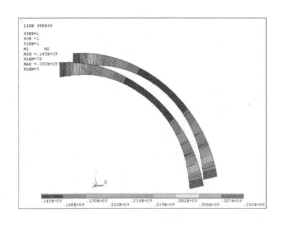

图 7-10 $7^\#$ 和 $9^\#$ 弦杆的轴力图

网壳构件的破坏是由于钢筋的应力超过了准许应力,极限承载力的大小主要根据构件发生破坏时所承受的工作荷载来确定的。根据图 7-8 和图 7-9 模拟结果分析,在面载荷的作用下,混凝土较钢筋先产生塑性变形,且弦杆的受力作用明显。当面载荷加到 1.1 MPa 时,试样靠近两端处出现裂纹、掉皮现象,但两端没有破坏;当面载荷达到 1.8 MPa 时,7$^{\#}$ 和 9$^{\#}$ 弦杆靠近支撑面附近的压应力达到屈服极限,这时结构产生破坏,靠近壳体两端承载面附近混凝土被压碎。7$^{\#}$ 和 9$^{\#}$ 弦杆破坏时的最大压应力为控制因素,确定网壳支架极限承载力为1.8 MPa,这超过了锚网索喷射混凝土+普通 36U 型钢联合支护体系的承载能力。

通过理论及试验分析,在相同荷载条件下,网壳构件的弯曲内力要比梁拱结构的弯曲内力小。网壳支架钢材用量比一般金属支架钢材用量节省50%以上。网壳支架与混凝土喷层组成的衬砌结构,其承载性能也比一般钢筋网喷层优越:第一,混凝土被许多小跨度钢筋网壳包围着,钢筋的弯曲变形被混凝土削弱,混凝土所受的拉剪内力被网壳削弱,两者相互加强,大幅度提高了衬砌的承载能力;第二,支架构件接头处的可缩垫板使喷层有了一定可缩性。网壳衬砌支架也能承受较强的变形地压。在实施喷层之前,在关键部位安设锚索,减少集中应力对让压壳的破坏,充分调动深部围岩应力,保证让压壳的完整性,同时锚索和充填层也可以削弱网壳的不均匀变形,达到让压壳-网壳衬砌耦合支护的功效。

7.3 -850 m 东皮带大巷支护方案及施工工艺

7.3.1 -850 m 东皮带大巷控顶卸压施工技术

根据前面章节的研究结果可知,马蹄形断面优于直墙半圆拱形断面,针对-850 m 东皮带大巷围岩工程条件,采用马蹄形断面。巷道设计断面尺寸为 4.4 m×3.7 m,考虑预留让压空间大小、喷层厚度以及网壳支架厚度等,确定巷道掘进断面尺寸为 5.6 m×4.3 m,反底拱拱高为 1.0 m。

巷道掘进采用爆破方法施工,由于掘进断面尺寸较大,打眼和支护施工困难,加之围岩应力高、强度低、结构差,一次成巷暴露的断面大,支护难度大,因此采用一次全断面成巷的方式不合适。综合分析结果认为应采用分层导硐施工方法,这样既可以解决一次成巷断面大、支护难度大、打眼困难、施工不方便等问题,也可以起到卸压的作用。分层导硐施工方法是先掘进一个小断面,其施工方便,支护难度小,对顶板控制较好。-850 m 东皮带大巷具体的施工顺序如

图 7-11 所示。将马蹄形断面分为Ⅰ和Ⅱ两个分层,上分层施工断面是半圆形断面,根据围岩稳定性情况及支护安全需要,也可以将上分层Ⅰ分成两个小分层施工。上分层超前下分层 5～10 m 施工,上、下分层均采用爆破法施工,爆破中严格控制炮眼深度使其不超过 1 m,炮眼深度与锚杆排距基本一致。

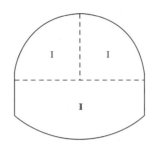

图 7-11 −850 m 东皮带大巷卸压控顶施工顺序图

7.3.2 短细密全长锚固预应力锚杆支护参数确定

在浅部围岩中形成壳体结构——让压壳,其主要作用是承载让压。让压壳属于薄壳,薄壳与同跨度、同材料的薄板、拱、梁相比,能以小得多的厚度承受同样的荷载;壳体内各点位移相同、整体变形移动,厚度小、强度高、受力特点好;壳体结构具有良好的空间传力性能。让压壳是由短细密全长锚固预应力锚网喷支护体系形成的,锚杆支护参数的确定是其形成的关键。

7.3.2.1 锚杆长度的确定

锚杆长度与让压壳厚度密切相关,锚杆越长形成让压壳的厚度越大,锚杆越短形成让压壳的厚度越小。因此锚杆长度 l_m 应不小于让压壳厚度 M_q,根据第 5 章及第 6 章的研究可知,一次让压壳支护强度为 0.4 MPa 时,让压壳厚度为 1.01 m,锚杆长度不超过 1.6 m,取锚杆长度为 1.5 m。

7.3.2.2 锚杆间排距、直径的确定

由锚杆支护围岩强化理论可知 $\sigma = \dfrac{2C\cos\varphi}{1-\sin\varphi}$,锚杆支护改变了围岩强度,提高了围岩黏聚力 C 和内摩擦角 φ,锚杆支护强度 $p_1 = \dfrac{\sigma_t \pi d^2}{4n_1 n_2}$,即一次让压壳支护强度,通过计算得到了不同直径、不同钢号、不同间排距锚杆支护强度,如表 7-2 所列。由于一次支护强度确定为 0.3～0.4 MPa,根据等强螺纹钢锚杆杆体直径理论及试验分析,再根据经验公式得到锚杆直径 $d = \dfrac{l_m}{110} \approx 14$ mm,考虑让压壳支护强度的要求,确定锚杆间排距为 0.60 m×0.60 m,锚杆直径为 16 mm。

表 7-2　不同直径、不同钢号、不同间排距锚杆支护强度　　　　单位:MPa

锚杆直径 /mm	间排距 /m	0.50×0.50	0.55×0.55	0.60×0.60	0.65×0.65	0.70×0.70	0.75×0.75	0.80×0.80
14	BHRB335	0.206 2	0.170 4	0.143 2	0.122 0	0.105 2	0.091 6	0.080 5
	BHRB400	0.246 2	0.203 5	0.171 0	0.145 7	0.125 6	0.109 4	0.096 2
	BHRB500	0.307 7	0.254 3	0.213 7	0.182 1	0.157 0	0.136 8	0.120 2
	BHRB600	0.369 3	0.305 2	0.256 4	0.218 5	0.188 4	0.164 1	0.144 2
16	BHRB335	0.269 3	0.222 6	0.187 0	0.159 3	0.137 4	0.119 7	0.105 2
	BHRB400	0.321 5	0.265 7	0.223 3	0.190 3	0.164 0	0.142 9	0.125 6
	BHRB500	0.401 9	0.332 2	0.279 1	0.237 8	0.205 1	0.178 6	0.157 0
	BHRB600	0.482 3	0.398 6	0.334 9	0.285 4	0.246 1	0.214 4	0.188 4
18	BHRB335	0.340 8	0.281 7	0.236 7	0.201 7	0.173 9	0.151 5	0.133 1
	BHRB400	0.406 9	0.336 3	0.282 6	0.240 8	0.207 6	0.180 9	0.159 0
	BHRB500	0.508 7	0.420 4	0.353 3	0.301 0	0.259 5	0.226 1	0.198 7
	BHRB600	0.610 4	0.504 5	0.423 9	0.361 2	0.311 4	0.271 3	0.238 4
20	BHRB335	0.420 8	0.347 7	0.292 2	0.249 0	0.214 7	0.187 0	0.164 4
	BHRB400	0.502 4	0.415 2	0.348 9	0.297 3	0.256 3	0.223 3	0.196 3
	BHRB500	0.628 0	0.519 0	0.436 1	0.371 6	0.320 4	0.279 1	0.245 3
	BHRB600	0.753 6	0.622 8	0.523 3	0.445 9	0.384 5	0.334 9	0.294 4

7.3.2.3　锚杆预紧力的确定

让压壳支护结构中,锚杆是采用短细密锚杆布置形式,预紧力的大小主要是控制巷道初期变形、离层,确保锚固区形成均匀的压缩区,以某矿-850 m东皮带大巷为工程背景,且取锚杆长度为 1.5 m,锚杆直径为 16 mm,间排距为 0.60 m×0.60 m,锚固方式为全长锚固。采用 FLAC^{2D} 软件模拟分析不同预紧力锚杆支护围岩应力分布规律,由于原岩应力较大,为了能体现预紧力支护作用效果,模拟中不考虑原岩应力。根据不同预紧力锚杆支护围岩应力分布云图(图 7-12),当锚杆预紧力达到 60 kN 及以上时,巷道锚固区形成较均匀的压缩区,因此确定锚杆预紧力为 60 kN。

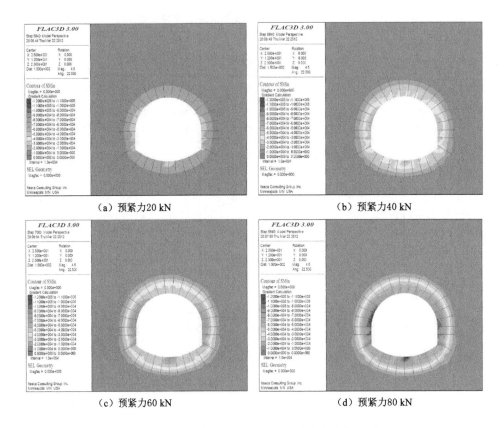

（a）预紧力20 kN　　　　　　　　　（b）预紧力40 kN

（c）预紧力60 kN　　　　　　　　　（d）预紧力80 kN

图 7-12　不同预紧力锚杆支护围岩应力分布云图

7.3.3　－850 m 东皮带大巷支护方式及布置设计

根据某矿－850 m 东皮带大巷围岩变形破坏特征,基于让压壳-网壳耦合支护原理与技术,采用"锚网喷支护形成让压壳＋预留让压空间＋锚索＋网壳衬砌支架"的支护方式作为永久支护。

锚杆采用等强左旋螺纹钢锚杆,其长度为 1.5 m,直径为 16 mm,预紧力为 60 kN,锚杆间排距为 0.60 m×0.60 m,锚固方式为全长锚固,每根采用 2 卷树脂锚固剂锚固,锚固剂型号为 K2335 和 Z2335,金属网为 8#铁丝机编菱形网,网的规格为 5.2 m(长)×1.9 m(宽),网间搭接 100 mm 以上,并用 14#铁丝每隔 20 mm 绑扎;组合构件还有钢筋梯子梁、拱形托板、螺母等。钢筋梁使用主筋直径不小于 10 mm、配筋直径不小 8 mm 的钢筋,主筋间距不大于 80 mm,配筋间距不大于 100 mm,材料必须使用质量合格的 A3 圆钢。

锚索采用 1×7 股钢绞线,其直径为 17.8 mm,长度为 7.3 m,预紧力不小于 150 kN,预留让压空间为 38 cm,每根锚索采用 1 卷 K2335 树脂锚固剂和 2 根 Z2335 锚固剂锚固,网壳结构及参数如前面所述。－850 m 东皮带大巷支护布置图如图 7-13 所示。

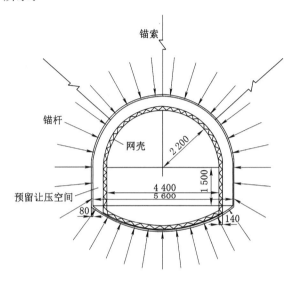

图 7-13　－850 m 东皮带大巷支护布置图

7.3.4　－850 m 东皮带大巷支护工艺过程

－850 m 东皮带大巷延伸段采用多打眼、少装药的爆破方式破岩,断面掘进顺序为先开挖马蹄形断面的上部半圆形断面,巷道下部断面滞后上部半圆形断面 5～10 m 施工。上部半圆形断面掘出后,及时进行初喷(混凝土标号为 C20,喷层厚度为 50 mm),初凝后进行锚网支护,复喷至 80 mm,形成全长锚固预应力短细密锚网喷支护,使浅部围岩形成让压壳支护结构。巷道下部断面开挖后,及时采用锚网喷支护巷道两帮,底板及时喷射混凝土,但不进行锚网支护;锚索滞后锚杆安装,在让压壳变形过程中,首先可能发生破坏的部位补打锚索,保持让压壳的完整性。通过现场监测结果,当让压壳变形量达到预留让压空间的 70% 时(巷道变形 20 d 时),将底板已产生的底鼓部分挖去,保持反底拱拱高为 1 m,然后采用锚网喷支护底板,全断面架设网壳支架,架设支架后用木板充填剩余预留让压空间,然后喷射混凝土(混凝土标号为 C25)喷层厚度大于网壳支架厚度 2 cm,形成厚度为 14 cm 的网壳衬砌支架永久支护结构。

7.4 －850 m东皮带大巷让压壳-网壳耦合支护数值模拟

7.4.1 模型的建立及模拟方案与目标

7.4.1.1 模型的建立及网格划分

根据某矿－850 m东皮带大巷工程地质条件,利用FLAC³ᴰ软件作为计算平台,建立如图 7-14 所示的三维数值计算模型,模型尺寸为 50 m×25 m×50 m,模型左侧及后侧约束水平方向位移,底部约束垂直方向位移,顶部施加垂压,前侧及右侧施加侧压,其中垂压为 22.5 MPa,侧压系数 $\lambda=1.5$,采用 Burgers 流变模型,各岩层物理力学参数如表 2-1 所列,综合考虑计算时间及计算精度的要求,模型采用放射状网格,共划分网格 104 000 个。通过在锚杆、锚索端头设置较大的锚固剂刚度及强度来模拟托盘的作用,网壳衬砌支架采用实体单元、莫尔-库仑模型来模拟。模拟中为了避免由于网壳衬砌支架发生刚体位移而引起的计算错误,在网壳衬砌支架与让压壳之间添加柔软的充填层,以代替预留让压空间。

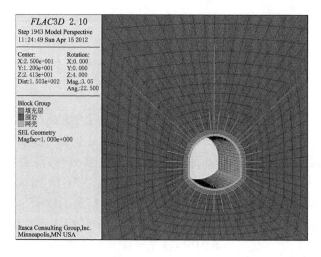

图 7-14　网格划分及支护布置计算模型

7.4.1.2 模拟方案与目标

以－850 m东皮带大巷为工程背景,采用 Burgers 流变模型,使用 FLAC³ᴰ模拟软件分析了－850 m东皮带大巷让压壳-网壳支护条件下,随时间的变化巷道围岩塑性区大小、围岩及网壳衬砌支架应力大小、围岩及网壳衬砌支架位移大小,得到围岩塑性区分布规律、围岩及网壳衬砌支架应力分布规律、围岩及网壳衬砌支架变形规律。在此基础上,分析巷道支护效果,检验支护设计的合理性。

7.4.2 东皮带大巷围岩应力分布规律

7.4.2.1 巷道围岩第一主应力分布规律

如图 7-15、图 7-16 和表 7-3 所示,巷道围岩第一主应力为负值,表明巷道围岩稳定性好,随着时间增加,巷道围岩第一主应力绝对值先以较大幅度增大后再缓慢增大。巷道变形 40 d 以内,巷道围岩第一主应力峰值绝对值增加幅度较大,巷道变形 40 d 以后,巷道围岩第一主应力峰值绝对值增加幅度小,其绝对值从巷道浅部向深部逐渐增大,并以环形状向深部发展,巷道围岩表面第一主应力绝对值最小。让压壳内第一主应力分布相对比较均匀,巷道周边顶中部、底中部以及底角处出现局部应力集中现象,因此顶中部、底中部以及底角处是支护加固的重点。

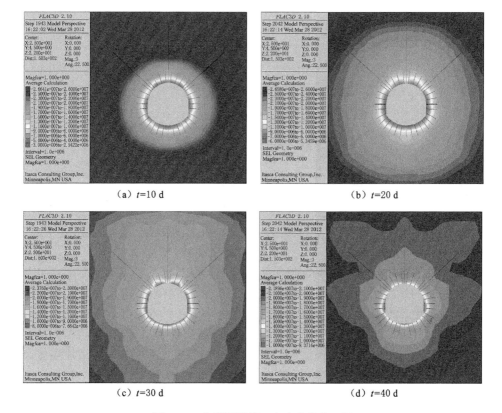

（a）t=10 d   （b）t=20 d

（c）t=30 d   （d）t=40 d

图 7-15　巷道围岩第一主应力分布云图

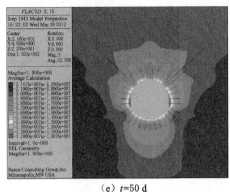 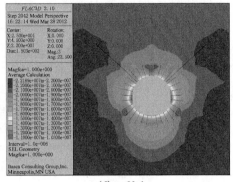

（e）*t*=50 d　　　　　　　　　　　（f）*t*=60 d

图 7-15（续）

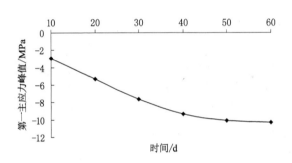

图 7-16　巷道围岩第一主应力峰值随时间变化曲线

表 7-3　不同时间巷道围岩第一主应力峰值

时间/d	10	20	30	40	50	60
第一主应力/MPa	−2.94	−5.34	−7.66	−9.37	−10.07	−10.3

7.4.2.2　巷道围岩最大剪应力分布规律

由图 7-17、图 7-18 和表 7-4 所示，巷道围岩最大剪应力随变形时间的增加而增大，但变形初期增加幅度较大，巷道变形 40 d 以后增加较缓慢。巷道变形 10 d 时，巷道围岩最大剪应力峰值为 2.9 MPa，巷道变形 30 d 时，巷道围岩最大剪应力峰值为 6.18 MPa，变形 10～30 d 时的，围岩最大剪应力峰值增加幅度为 0.164 MPa/d；巷道变形 40 d 时，围岩最大剪应力峰值为 7.67 MPa，变形 30～40 d 时，围岩最大剪应力峰值增加幅度为 0.149 MPa/d；巷道变形 40 d 以后，围岩最大剪应力峰值增加幅度很小，从图 7-17 中可以看出此规律。

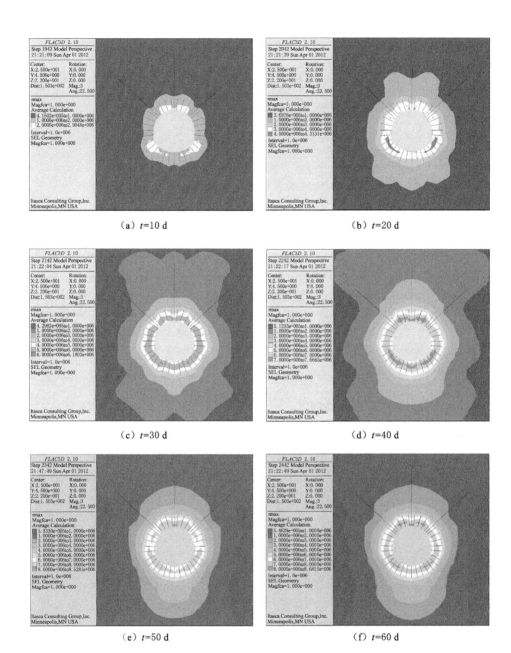

（a）t=10 d   （b）t=20 d

（c）t=30 d   （d）t=40 d

（e）t=50 d   （f）t=60 d

图 7-17　巷道围岩最大剪应力分布云图

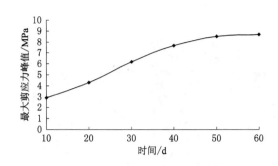

图 7-18　巷道围岩最大剪应力峰值随时间变化曲线

表 7-4　不同时间巷道围岩最大剪应力峰值

时间/d	10	20	30	40	50	60
最大剪应力/MPa	2.9	4.3	6.18	7.67	8.52	8.68

巷道变形初期,由于应力集中作用,巷道顶中部、底中部及底角处最大剪应力较大,这些部位最可能首先发生剪切破坏,随着变形时间的增加,巷道围岩最大剪应力分布较均匀,从巷道表面到巷道深部围岩,最大剪应力逐渐减小,但同一半径范围内最大剪应力基本一样,最大剪应力呈现环形状依次分布。

7.4.3　－850 m 东皮带大巷围岩变形分布规律

7.4.3.1　巷道围岩垂直位移变化规律

由图 7-19、图 7-20 和表 7-5 所示:随着时间的增加,巷道顶板下沉量和底鼓量均先急剧增加后缓慢增加,底鼓量略高于顶板下沉量;东皮带大巷初期变形剧烈、变形量大,具有显著的长期流变特性。巷道变形 10 d 时,顶板下沉量达145 mm,平均变形速率为 14.5 mm/d,底鼓量为 147 mm,平均变形速率为14.7 mm/d;巷道变形 20 d 时,顶板下沉量为 273 mm,平均变形速率为13.7 mm/d,底鼓量为 282 mm,平均变形速率为 14.1 mm/d;巷道变形 30 d 时,顶板下沉量为 373 mm,平均变形速率为 12.4 mm/d,底鼓量为 417 mm,平均变形速率为 13.9 mm/d。随着时间的增加,巷道变形速率逐渐减小;巷道变形30 d以后,巷道变形继续增大,但增加幅度较小;巷道变形 40 d 以后,巷道顶板下沉量和底鼓量继续增加,但增加幅度很小;巷道变形 60 d 时,顶板下沉量和底鼓量仍然在继续增加,但增加得非常缓慢;巷道变形 60 d 以后,平均变形速率在0.2 mm/d 以下。

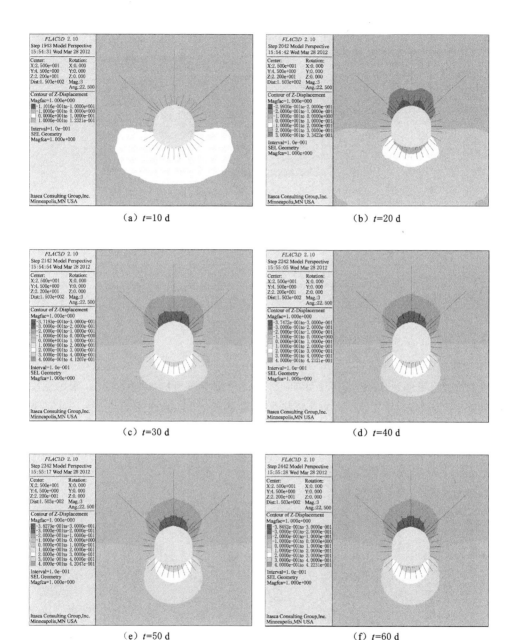

(a) $t=10$ d

(b) $t=20$ d

(c) $t=30$ d

(d) $t=40$ d

(e) $t=50$ d

(f) $t=60$ d

图 7-19 巷道围岩垂直位移云图

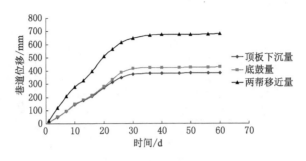

图 7-20　巷道围岩位移随时间变化曲线

表 7-5　不同时间巷道围岩位移

时间/d	1	4	7	10	13	16	20	23	26	30	36	40	46	50	56	60
顶板下沉量/mm	9	47	92	145	175	207	273	313	350	373	380	381	381	383	384	385
底鼓量/mm	10	53	92	147	179	214	282	333	388	417	422	423	423	425	426	428
两帮移近量/mm	21	117	208	278	326	398	509	563	614	647	668	676	676	676	678	681

7.4.3.2　巷道围岩水平位移变化规律

　　如图 7-20 和图 7-21 所示:随巷道变形时间的增加,两帮移近量增大,初期变形量大、变形速率大,巷道变形 30 d 以后两帮变形量增加幅度较小,变形速率较小;巷道变形 40 d 以后,巷道两帮移近量继续增加,但增加幅度很小;巷道变形 60 d 时,巷道仍然继续变形,巷道变现出长期流变的特性。巷道变形 10 d 时,两帮移近量为 278 mm,平均变形速率为 27.8 mm/d;巷道变形 20 d 时,两帮移近量为 509 mm,平均变形速率为 25.5 mm/d;巷道变形 30 d 时,两帮移近量为 647 mm,平均变形速率为 21.6 mm/d。

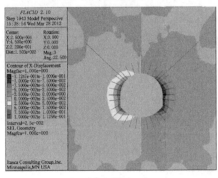

（a）t=10 d

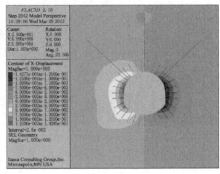

（b）t=20 d

图 7-21　巷道围岩水平位移云图

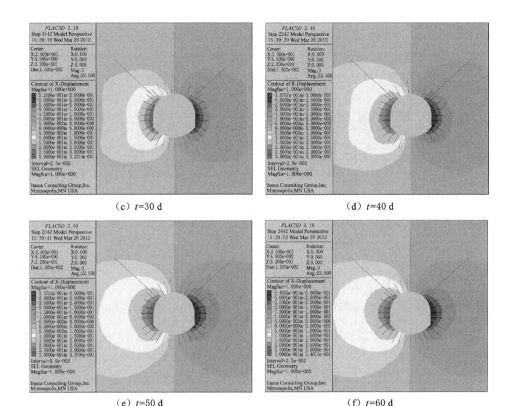

（c）*t*=30 d　　　　　　　　　　　　（d）*t*=40 d

（e）*t*=50 d　　　　　　　　　　　　（f）*t*=60 d

图 7-21（续）

7.4.4　网壳衬砌支架应力分布规律及变形特征

7.4.4.1　网壳衬砌支架第一主应力分布规律

根据图 7-22、图 7-23 和表 7-6 所示,网壳衬砌支架第一主应力全为负值,随着时间的增加,网壳衬砌支架第一主应力绝对值不断增大,但增加幅度不大,巷道变形 40 d 以后,其增加幅度很小。网壳内表面向外表面第一主应力绝对值依次增大,由于应力集中作用,网壳顶部、底中部以及底角处第一主应力绝对值较大。第一主应力绝对值的变化:巷道变形 10～20 d 时,增加幅度为0.044 MPa/d;巷道变形 20～30 d 时,增加幅度为 0.056 MPa/d;巷道变形 30～40 d 时,增加幅度为 0.061 MPa/d;巷道变形 40～50 d 时,增加幅度为0.020 MPa/d;巷道变形 50～60 d 时,增加幅度为 0.006 MPa/d。

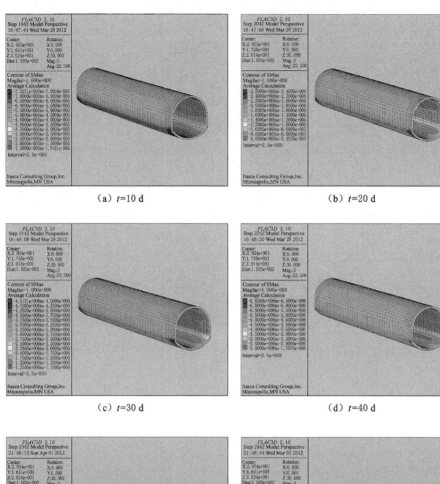

（a）$t=10$ d

（b）$t=20$ d

（c）$t=30$ d

（d）$t=40$ d

（e）$t=50$ d

（f）$t=60$ d

图 7-22　网壳衬砌支架第一主应力云图

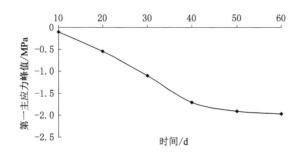

图 7-23　网壳衬砌支架第一主应力峰值随时间变化曲线

表 7-6　网壳衬砌支架第一应力峰值

时间/d	10	20	30	40	50	60
第一主应力峰值/MPa	−0.1	−0.54	−1.1	−1.71	−1.91	−1.97

7.4.4.2　网壳衬砌支架最大剪应力分布规律

如图 7-24、图 7-25 和表 7-7 所示,随着时间的增加,网壳衬砌支架最大剪应力增大,从网壳衬砌支架内表面到外表面依次增大,其顶中部、底中部以及底角处最大剪应力较大。随着时间的增加,网壳衬砌支架最大剪应力峰值先以较大幅度增大,增加幅度越来越小,巷道 40 d 以后,增加幅度很小。巷道变形 10~20 d时,增加幅度为 0.174 MPa/d;巷道变形 20~30 d 时,增加幅度为0.253 MPa/d;巷道变形 30~40 d 时,增加幅度为 0.347 MPa/d;巷道变形 40~50 d 时,增加幅度为0.016 MPa/d;巷道变形 50~60 d 时,增加幅度为 0.010 MPa/d。

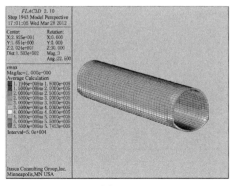

（a）$t=10$ d

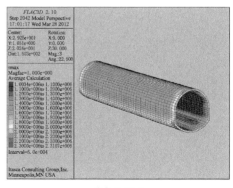

（b）$t=20$ d

图 7-24　网壳衬砌支架最大剪应力随时间变化曲线

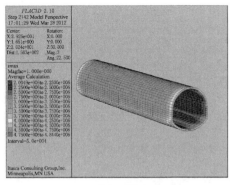
（c）t=30 d

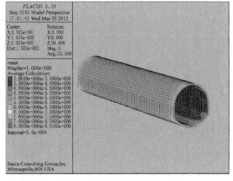
（d）t=40 d

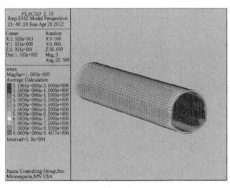
（e）t=50 d

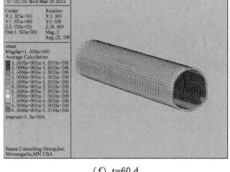
（f）t=60 d

图 7-24（续）

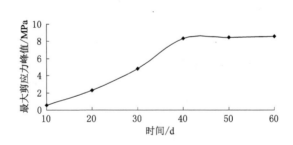

图 7-25　网壳衬砌支架最大剪应力随时间变化曲线

表 7-7 不同时间网壳衬砌支架最大剪应力峰值

时间/t	10	20	30	40	50	60
最大剪应力峰值/MPa	0.57	2.31	4.84	8.31	8.47	8.57

7.4.4.3 网壳衬砌支架围岩变形规律

如图 7-26 所示,在巷道变形过程中,在网壳与围岩接触之前,网壳衬砌支架变形量很小,基本无变形,在网壳与围岩接触后,两帮移近量及顶底板移近量开始变化,变形量缓慢增加,网壳衬砌支架顶部、底部、帮部变形都不大,网壳变形量没有超过其最大允许变形量,网壳没有破坏。巷道变形 40 d 时:网壳衬砌支架顶部最大变形量为 2.03 cm,其位置处在顶部半圆弧的 1/4,3/4 部位,顶中部的变形量为 1.5 cm;网壳衬砌支架底部最大变形量为 3.47 cm,最大值位于底部圆弧的 1/4,3/4 部位,底中部变形量为 1.5 cm;网壳衬砌支架帮部最大变形量为 3.47 cm,最大值位于帮中部。巷道变形 40 d 以后位移基本不发生变化。

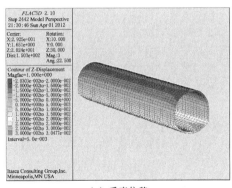
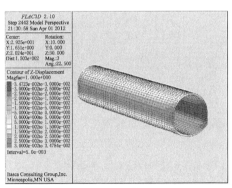

（a）垂直位移　　　　　　　　　　　　　（b）水平位移

图 7-26 网壳衬砌支架围岩位移云图

7.5 工业性试验与支护效果评价

为了进一步检验让压壳-网壳耦合支护技术与方案的可行性,在某矿 -850 m 东皮带大巷延伸段进行了工业性试验,对巷道表面围岩位移、网壳支架钢筋应变、锚杆受力等进行了现场监测,并评价了支护效果。

7.5.1 －850 m 东皮带大巷表面围岩位移监测

7.5.1.1 监测内容及目的

巷道表面位移是最基本的巷道矿压监测内容,包括顶底下沉量、底鼓量和两帮移近量等。根据监测结果,可绘制位移量与时间关系曲线,分析巷道围岩变形规律,评价围岩的稳定性和巷道支护效果。

7.5.1.2 测点布置及监测方法

巷道表面位移通常采用"十"字布点法安设监测断面,如图 7-27 所示,对于东皮带大巷布置了 3 个监测断面(监测断面Ⅰ、监测断面Ⅱ、监测断面Ⅲ),监测断面间距为 20 m,在测点位置安装测钉作为测量基点。每天观测 1 次,监测时间为 2 个月,考虑巷道断面尺寸、预测的围岩位移量及要求的测量精度等因素,表面位移的监测仪器选择钢卷尺。

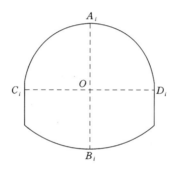

图 7-27 巷道表面位移监测断面(i 取Ⅰ、Ⅱ、Ⅲ)

7.5.1.3 表面位移监测结果

为了确定网壳支架安装的时机,掌握－850 m 东皮带大巷围岩变形规律,特对东皮带大巷进行了 52 d 的表面位移监测,根据监测结果绘制出巷道围岩位移随时间变化关系曲线,如图 7-28 所示。由图 7-28 和表 7-8 可知:

(1)网壳支架滞后锚杆支护 20 d,在架设网壳支架之前,随着变形时间的增加,－850 m 东皮带大巷两帮移近量、底鼓量、顶板下沉量不断增大,变形速率大。根据监测断面Ⅰ的监测数据可知:巷道变形 20 d 时,两帮移近量为 563 mm,平均变形速率为 28.15 mm/d,变形速率较大,而且巷道变形 10 d 时的平均变形速率高达 37.6 mm/d;巷道变形 20 d 时,顶板下沉量为 264 mm,变形速率为 13.20 mm/d,巷道变形 10 d 时,变形速率为 15.4 mm/d,显然巷道开挖初期变形剧烈、变形量大;巷道底板变形量及变形速率高于顶板变形量及变形速率,巷道变形 20 d 时,巷道底鼓量达到 346 mm,平均变形速率为 17.30 mm/d,

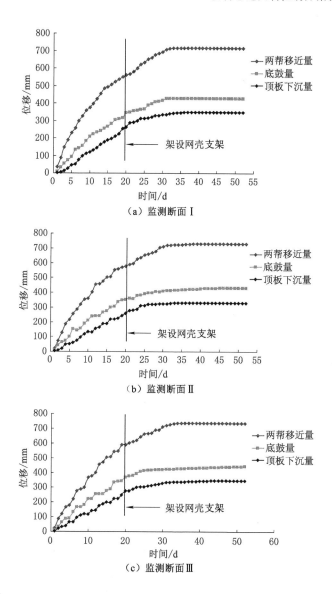

图 7-28 巷道围岩位移随时间变化关系曲线

巷道变形 10 d 时的平均变形速率为 20.80 mm/d。监测断面Ⅱ和监测断面Ⅲ巷道变形随时间的变化规律与监测断面Ⅰ巷道变形随时间的变化规律基本相似。

（2）－850 m 东皮带大巷架设网壳支架，再喷射混凝土形成永久支护后，巷道围岩变形就很小，变形速率也小，10 d 左右巷道变形基本稳定了，变形速率在 0.1 mm/d 以下。根据监测断面Ⅰ的测点数据可知：巷道变形基本稳定时，两帮移近量为 716 mm,顶板下沉量为 347 mm,底鼓量为 428 mm;架设网壳支架后巷道变形不大,两帮移近量增加了 153 mm,顶板下沉量增加了 83 mm,底鼓量增加了 82 mm。监测过程中,网壳支架没有破坏,支护效果较好,确保了巷道的安全稳定。

表 7-8 东皮带大巷监测断面围岩位移最大值

监测断面	架设网壳支架前			架设网壳支架后		
	顶板下沉量 最大值/mm	底鼓量 最大值/mm	两帮移近量 最大值/mm	顶板下沉量 最大值/mm	底鼓量 最大值/mm	两帮移近量 最大值/mm
断面 Ⅰ	264	346	563	347	428	716
断面 Ⅱ	261	352	576	331	432	731
断面 Ⅲ	276	368	590	348	443	736

7.5.2 网壳支架钢筋应变量测

7.5.2.1 网壳支架钢筋应变量测目的

为了了解网壳支架钢筋的受力大小,判断网壳支架是否破坏,特进行网壳支架钢筋应变值的量测,由测得的应变读数利用胡克定律,根据钢筋型号及弹性模量计算出网壳支架中钢筋的受力变化,在网壳支架架设之前,将应变片按测试设计要求贴在钢筋表面,并保护完好。监测仪器采用 YJK4500 型静态电阻应变仪。

7.5.2.2 网壳支架钢筋应变测点布置及监测方法

−850 m 东皮带大巷采用全封闭网壳支架支护,网壳支架由 6 片网壳构件组成,顶板安装 2 片网壳构件、两帮各安装 1 片网壳构件、底板安装 2 片网壳构件,顶板、两帮及底板各监测 1 片网壳构件,每片网壳构件布置 6 个应变片,单片网壳构件测点布置图如图 7-29 所示。在网壳支架安装之前按设计要求将应变片贴在钢筋上,并严格保护好,以免应变片受损。在网壳支架喷射混凝土时,将应变片数据传输线留出,将应变片数据传输线与 YJK4500 型静态电阻应变仪连接,实时监测各测点钢筋的应变值,将应变仪与电脑连接将应变仪中监测的数据导出。

7.5.2.3 网壳支架钢筋应变量测结果

网壳支架中钢筋应变值的监测结果如表 7-9~表 7-11 所列,结合钢筋的弹性模量,通过胡克定律可以计算出钢筋应力强度,且数值都在其屈服强度范围之内,网壳支架没有破坏,在架设网壳支架 10 d 左右钢筋应变趋于稳定,如图 7-30~图 7-32 所示,钢筋受力是先急剧增加后基本不变,网壳中的顶筋及边筋受力较大,可以作为网壳支架结构的主要承载对象。

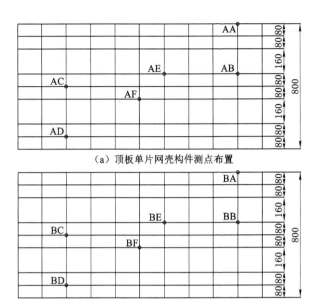

（a）顶板单片网壳构件测点布置

（b）帮部单片网壳构件测点布置

（c）底板单片网壳构件测点布置

图 7-29　单片网壳构件测点布置图

表 7-9　顶板单片网壳中测点钢筋应变读数

序号	时间/d	测点应变读数/10^{-6}					
		AA	AB	AC	AD	AE	AF
1	0	0	0	0	0	0	0
2	2	73	92	98	79	101	103
3	4	224	247	267	238	274	303
4	6	317	356	387	336	392	394
5	8	447	498	532	465	541	586
6	10	601	670	701	638	710	706

表 7-9(续)

序号	时间/d	测点应变读数/10^{-6}					
		AA	AB	AC	AD	AE	AF
7	12	662	721	732	684	728	752
8	14	696	742	761	712	771	764
9	16	726	754	772	745	794	803
10	18	749	789	802	764	826	832
11	20	770	821	832	790	854	860
12	22	805	846	857	823	868	889
13	24	828	857	867	843	877	928
14	26	842	878	889	862	897	945
15	28	881	902	916	894	923	947
16	30	903	932	945	918	961	968
17	32	917	947	957	926	972	980
18	34	928	958	964	945	979	987
19	36	936	963	972	940	982	998
20	38	944	975	981	945	990	1 010
21	40	951	981	988	955	995	1 026

表 7-10　帮部单片网壳中测点钢筋应变读数

序号	时间/d	测点应变读数/10^{-6}					
		BA	BB	BC	BD	BE	BF
1	0	0	0	0	0	0	0
2	2	68	97	104	81	103	102
3	4	216	252	287	198	256	293
4	6	325	348	401	352	401	395
5	8	402	513	546	474	584	592
6	10	598	692	724	656	735	742
7	12	646	738	743	669	746	755
8	14	683	753	778	718	792	789
9	16	720	764	788	750	806	813
10	18	732	804	810	789	817	822
11	20	757	837	841	810	852	867

表 7-10(续)

序号	时间/d	测点应变读数/10^{-6}					
		BA	BB	BC	BD	BE	BF
12	22	795	858	862	838	869	882
13	24	819	871	899	867	883	905
14	26	841	889	902	871	903	921
15	28	866	922	918	904	921	945
16	30	885	946	946	926	955	960
17	32	901	949	955	941	982	978
18	34	924	966	967	948	990	980
19	36	933	968	979	960	994	993
20	38	938	972	982	967	999	1 005
21	40	945	985	985	972	1 007	1 010

表 7-11　底板单片网壳中测点钢筋应变读数

序号	时间/d	测点应变读数/10^{-6}					
		CA	CB	CC	CD	CE	CF
1	0	0	0	0	0	0	0
2	2	71	93	96	77	95	97
3	4	189	235	251	198	223	274
4	6	294	403	372	289	384	389
5	8	370	606	512	453	522	625
6	10	578	712	722	649	689	716
7	12	651	735	741	672	717	722
8	14	682	756	758	705	765	745
9	16	720	768	782	724	784	789
10	18	747	798	813	751	803	828
11	20	771	824	822	770	844	859
12	22	814	865	845	812	880	870
13	24	846	894	858	834	923	873

表 7-11(续)

序号	时间/d	测点应变读数/10⁻⁶					
		CA	CB	CC	CD	CE	CF
14	26	863	927	890	855	955	897
15	28	893	945	903	874	968	954
16	30	906	956	926	893	971	968
17	32	911	960	956	921	978	974
18	34	924	964	962	933	984	980
19	36	925	971	968	939	988	992
20	38	928	976	972	941	990	997
21	40	930	978	980	947	992	1002

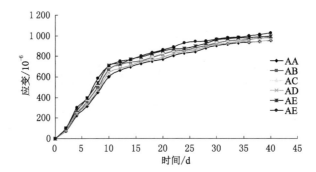

图 7-30 顶板单片网壳构件中钢筋应变随时间变化关系曲线

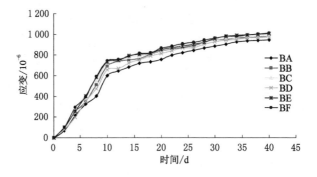

图 7-31 帮部单片网壳构件中钢筋应变随时间变化关系曲线

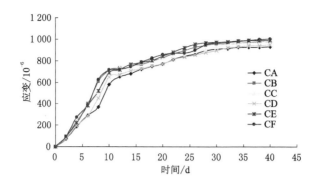

图 7-32 底板单片网壳构件中钢筋应变随时间变化关系曲线

7.5.3 －850 m 东皮带大巷锚杆受力监测

7.5.3.1 锚杆支护质量监测

锚杆的受力大小对巷道稳定性影响较大,因此对按设计方案支护的－850 m 东皮带大巷进行锚杆受力监测,可以掌握锚杆承载工况、围岩变形特征以及巷道支护状况,同时为支护设计的修改、调整提供依据。

7.5.3.2 测点布置及监测方法

为了确保锚杆(索)受力监测的准确性,采用 KMG01 矿用本安型锚杆无损检测仪对锚杆受力进行监测。锚杆支护是锚固到巷道围岩的内部,因此是一项隐蔽性工程。由于理论和技术条件的限制,必然存在支护不足的区域。如何发现这些支护不足的区域,最大限度地控制冒顶事故的发生,具有非常重要的意义。采用锚杆支护无损检测技术,结合锚杆支护所测数据可以评价锚杆支护质量效果。

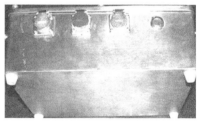

图 7-33 KMG01 矿用本安型锚杆无损检测仪数据处理器正板面与背板面

7.5.3.3 锚杆受力监测结果

为了检验−850 m东皮带大巷锚杆支护效果,特对其顶板及帮部锚杆受力进行检测。对距离掘进工作面不远处的18根顶板锚杆及16根帮部锚杆进行无损检测,得到的监测数据如表7-12和表7-13所列。在所监测的顶板锚杆中,有一根锚杆支护效果差,一根锚杆支护效果良,其余锚杆支护效果都是优,代表支护效果较好,且由监测结果可以看出被监测的锚杆锚固效果较好。在所监测的帮部锚杆中,有两根锚杆支护效果差,一根锚杆支护效果良,两根锚杆锚固效果良。整体锚杆支护效果较好,只有个别锚杆锚固效果及支护效果良或者差的。

表 7-12 −850 m 东皮带大巷顶板锚杆监测结果

锚杆编号	锚杆定位		长度/cm			极限锚固力/kN	轴向受力/kN	评价	
	距离掘进面/m	位置	总长	自由段	锚固段			锚固	支护
1	1.2	顶中左	150	15	135	518.96	32.91	优	优
2	1.8	顶中左	150	18	132	497.13	21.65	优	优
3	2.4	顶中中	150	17	133	491.08	48.13	优	优
4	3.0	顶中右	150	14	136	507.05	36.22	优	优
5	3.6	顶右	150	40	110	409.21	48.13	优	优
6	4.2	顶左	150	21	129	477.66	14.37	优	优
7	4.8	顶左	150	12	138	590.62	51.60	优	优
8	5.4	顶中右	150	16	134	506.49	12.38	优	差
9	6.0	顶中中	150	13	137	511.14	61.10	优	优
10	6.6	顶中左	150	22	128	469.13	17.68	优	良
11	7.2	顶中中	150	16	134	498.50	39.53	优	优
12	7.8	顶中右	150	52	98	327.00	25.65	优	优
13	8.4	顶中左	150	26	124	454.26	22.98	优	优
14	9.0	顶中右	150	30	120	442.53	25.62	优	优
15	9.6	顶中中	150	20	130	483.25	61.17	优	优
16	10.2	顶中左	150	32	118	435.88	60.56	优	优
17	10.8	顶中中	150	18	132	483.79	54.27	优	优
18	11.4	顶中左	150	13	137	513.97	28.63	优	优

表 7-13　东皮带大巷帮部锚杆监测结果

锚杆编号	锚杆定位		长度/cm			极限锚固力/kN	轴向受力/kN	评价	
	距离掘进面/m	位置	总长	自由段	锚固段			锚固	支护
1	1.2	帮中	150	21	129	349.39	22.19	优	优
2	1.8	帮下	150	14	136	471.97	27.75	优	优
3	2.4	帮中	150	16	134	566.12	22.29	优	优
4	3.0	帮下	150	18	132	518.07	11.68	优	差
5	3.6	帮中	150	32	118	348.52	13.54	优	差
6	4.2	帮下	150	47	103	303.08	24.59	优	优
7	4.8	帮中	150	13	137	396.65	19.10	优	优
8	5.4	帮中	150	17	133	350.61	32.08	优	优
9	6.0	帮下	150	19	131	134.80	22.19	良	优
10	6.6	帮中	150	21	129	503.20	42.85	优	优
11	7.2	帮下	150	22	128	520.10	43.04	优	优
12	7.8	帮中	150	15	135	546.90	30.22	优	优
13	8.4	帮下	150	26	124	508.58	42.56	优	优
14	9.0	帮中	150	24	126	519.36	17.84	优	良
15	9.6	帮中	150	42	108	222.08	20.72	良	优
16	10.2	帮中	150	20	130	347.24	33.75	优	优

7.5.4　支护效果评价

　　从现场监测结果可知,锚杆施工质量符合规范要求,巷道围岩变形量在预计的范围之内,设计网壳支架合理,网壳支架没有破坏,锚杆支护参数的选择较合理,预留让压空间能够满足巷道变形的需要。基于让压壳-网壳耦合支护原理与技术,采用"合理断面形状及尺寸＋卸压控顶施工技术与工艺＋短细密全长锚固预应力锚杆＋金属网＋钢带＋预留让压空间＋锚索＋网壳衬砌支架"的施工技术和支护方式能够较好地控制－850 m 东皮带大巷围岩的有害变形,确保－850 m东皮带大巷的长期安全稳定,为具有类似条件的高应力泥化软岩巷道支护设计与施工提供参考。

7.6 本章小结

本章以某矿－850 m 东皮带大巷为工程背景,确定了－850 m 东皮带大巷延伸段断面形状及尺寸,进行了让压壳-网壳耦合支护设计,通过数值模拟与现场应用监测评价了支护效果,进而优化支护设计。具体结论如下:

(1)建立了巷道反底拱力学计算模型,推导出反底拱最大弯矩与拱高的关系式,分析了反底拱拱高对弯矩的影响规律,结合不同拱高反底拱巷道开挖工程量确定出反底拱拱高。考虑断面形状及尺寸的影响因素,确定出－850 m 东皮带大巷断面形状及尺寸。

(2)针对某矿－850 m 东皮带大巷围岩工程地质条件,结合其断面形状及尺寸,设计了合理的网壳支架,分析了网壳支架的作用特点,并采用 ANSYS 软件计算分析了网壳衬砌支架的承载能力。给出－850 m 东皮带大巷分层导硐卸压控顶施工技术与工艺,确定了支护方案及参数,并进行了支护布置设计。

(3)采用 FLAC³ᴰ软件分析了－850 m 东皮带大巷延伸段让压壳-网壳耦合支护方案与参数的合理性,由模拟结果得到了让压壳-网壳耦合支护应力与变形随时间的变化规律。让压壳整体变形移动,壳内应力分布均匀,网壳衬砌支架第一主应力全为负值,随着时间的增加,网壳衬砌支架第一主应力绝对值不断增大,但增加幅度不大,巷道变形 40 d 以后,增加幅度很小。网壳内表面向外表面第一主应力绝对值依次增大,由于应力集中作用,网壳顶部、底中部以及底角处第一主应力绝对值较大。随着时间的增加,网壳衬砌支架最大剪应力增大,从网壳衬砌支架内表面到外表面依次增大,其顶中部、底中部以及底角处最大剪应力较大。随着时间的增加,网壳衬砌支架最大剪应力峰值先以较大幅度增大,增加幅度越来越小,巷道变形 40 d 以后,增加幅度很小。

(4)在巷道变形过程中,在网壳与围岩接触之前,网壳衬砌支架变形量很小,基本无变形,在网壳与围岩接触后,两帮移近量及顶底板移近量开始变化,变形量缓慢增加,网壳衬砌支架顶部、底部、帮部变形都不大,网壳变形量没有超过其最大允许变形量,网壳没有破坏。巷道变形 40 d 时,网壳衬砌支架顶部最大变形量为 2.03 cm,其位置处在顶部半圆弧的 1/4,3/4 部位,顶中部的变形量为 1.5 cm;网壳衬砌支架底部最大变形量为 3.47 cm,最大值位于底部圆弧的 1/4,3/4 部位,底中部变形量为 1.5 cm;网壳衬砌支架帮部最大变形量为 3.47 cm,最大值位于帮中部。巷道变形 40 d 以后位移基本不发生变化。

(5)网壳支架滞后锚杆支护 20 d,在架设网壳支架之前,随着变形时间的增加,－850 m 东皮带大巷两帮移近量、底鼓量、顶板下沉量不断增大,变形速率大;-850 m 东皮带大巷架设网壳支架,再喷射混凝土形成永久支护后,巷道围岩变形就很小,变形速率也小,10 d 左右巷道变形基本稳定了,变形速率在0.1 mm/d 以下。监测过程中,网壳支架没有破坏,支护效果较好,确保了巷道的安全稳定。

（6）由网壳支架中钢筋应变值的监测结果,结合钢筋的弹性模量,通过胡克定律可以计算出钢筋应力强度,且数值都在其屈服强度范围之内,网壳支架没有破坏,大约在架设后 10 d 左右趋于稳定,钢筋受力是先急剧增加后基本不变,网壳中的顶筋及边筋受力较大,可以作为网壳支架结构的主要承载对象。对距离掘进工作面不远处的 18 根顶板锚杆及 16 根帮部锚杆进行无损检测,在所监测的顶板锚杆中,有一根锚杆支护效果差,一根锚杆支护效果良,其余锚杆支护效果都是优,代表锚杆支护效果较好,且由监测结果可以看出被监测的锚杆锚固效果较好。在所监测的帮部锚杆中,有两根锚杆支护效果差,一根锚杆支护效果为良,两根锚杆锚固效果良。整体锚杆支护效果较好,只有个别锚杆锚固效果及支护效果良或者差的。

（7）从现场监测结果可知,锚杆施工质量符合规范要求,巷道围岩变形量在预计的范围之内,网壳支架设计合理,网壳支架没有破坏,锚杆支护参数的选择较合理,预留让压空间能够满足巷道变形的需要。基于让压壳-网壳耦合支护原理与技术,采用"合理断面形状及尺寸+卸压控顶施工技术与工艺+让压壳+预留让压空间+锚索补强+网壳衬砌支架"的施工技术和支护方式能够较好地控制-850 m 东皮带大巷围岩的有害变形,确保-850 m 东皮带大巷的长期安全稳定,为具有类似条件的高应力泥化软岩巷道支护设计与施工提供参考。

参 考 文 献

[1] 柏建彪,王襄禹,姚喆.高应力软岩巷道耦合支护研究[J].中国矿业大学学报,2007,36(4):421-425.

[2] 陈庆敏,郭颂,金太.锚杆支护的"刚性"梁理论及其应用[J].矿山压力与顶板管理,2000,17(1):2-5.

[3] 陈庆敏,郭颂,张农.煤巷锚杆支护新理论与设计方法[J].矿山压力与顶板管理,2002,19(1):12-15.

[4] 陈庆敏.软岩巷道支护与围岩相互作用机理及支护技术的研究[D].徐州:中国矿业大学,1995.

[5] 陈炎光,陆士良.中国煤矿巷道围岩控制[M].徐州:中国矿业大学出版社,1994.

[6] 陈勇军,庞建勇.钢筋网壳锚喷支护新技术理论分析及工程应用[J].安徽理工大学(自然科学版),2004,24(3):28-32.

[7] 陈玉祥,王霞,刘少伟.锚杆支护理论现状及发展趋势探讨[J].西部探矿工程,2004(10):155-157.

[8] 代学灵.极软岩巷道网壳支护技术研究[J].矿山压力与顶板管理,2005,22(4):34-35.

[9] 东兆星,吴士良.井巷工程[M].徐州:中国矿业大学出版社,2004.

[10] 董方庭,等.井巷设计与施工[M].修订版.徐州:中国矿业大学出版社,1997.

[11] 董方庭,等.巷道围岩松动圈支护理论及应用技术[M].北京:煤炭工业出版社,2001.

[12] 杜波,何富连,张守宝.桁架锚索联合控制技术在大跨度切眼中的应用[J].煤炭工程,2008(8):37-39.

[13] 方祖烈.拉压域特征及主次承载区的维护理论[C]//何满朝,等.世纪之交软岩工程技术现状与展望.北京:煤炭工业出版社,1999.

[14] 冯志强.破碎煤岩体化学注浆加固材料研制及渗透扩散特性研究[D].北京:煤炭科学研究总院,2007.

［15］盖建平,周金城.高应力巷道锚网壳支护技术研究［J］.煤炭工程,2008(5)：68-71.

［16］高峰.地应力分布规律及其对巷道围岩稳定性影响研究［D］.徐州:中国矿业大学,2009.

［17］高磊,等.矿山岩体力学［M］.北京:冶金工业出版社,1979.

［18］邰进海.薄层状巨厚复合顶板回采巷道锚杆锚索支护理论及应用研究［D］.太原:太原理工大学,2005.

［19］耿鸣山.深部岩体硐室分区破裂化数值试验研究［D］.大连:大连理工大学,2010.

［20］顾孟寒,张正新,郭兰波,等.钢筋网壳锚喷支护修复软岩巷道研究［J］.矿山压力与顶板管理,2004(1):29-31.

［21］管学茂,侯朝炯.桁架锚杆在大断面煤巷中应用的研究［J］.矿山压力与顶板管理,1996,13(3):32-35.

［22］郭富利.堡镇软岩隧道大变形机理及控制技术研究［D］.北京:北京交通大学,2010.

［23］郭颂.水平应力:对采准巷道围岩稳定性的新认识［J］.煤矿开采,1998(4):14-17.

［24］韩金田.复合注浆技术在地基加固中的应用研究［D］.长沙:中南大学,2007.

［25］韩立军,蒋斌松,贺永年.构造复杂区域巷道控顶卸压原理与支护技术实践［J］.岩石力学与工程学报,2005(增刊2):5499-5504.

［26］韩瑞庚.地下工程新奥法［M］.北京:科学出版社,1987.

［27］何炳银.锚杆与锚索联合支护的协调性探讨［J］.江苏煤炭,2003(4):4-7.

［28］何满潮,黄福昌,闫吉太.世纪之交软岩工程技术现状与展望［M］.北京:煤炭工业出版社,1999.

［29］何满潮,江玉生,徐华禄.软岩工程力学的基本问题［J］.东北煤炭技术,1995(5):26-39.

［30］何满潮,景海河,孙晓明.软岩工程力学［M］.北京:科学出版社,2002.

［31］何满潮,孙晓明.中国煤矿软岩巷道工程支护设计与施工指南［M］.北京:科学出版社,2004.

［32］何满潮,谢和平,彭苏萍,等.深部开采岩体力学研究［J］.岩石力学与工程学报,2005,24(16):2803-2813.

［33］何满潮,袁和生,靖洪文,等.中国煤矿锚杆支护理论与实践［M］.北京:科学出版社,2004.

[34] 何满潮,邹正盛,邹友峰.软岩巷道工程概论[M].徐州:中国矿业大学出版社,1993.

[35] 何忠明.裂隙岩体复合防渗堵水浆液试验及作用机理研究[D].长沙:中南大学,2007.

[36] 侯朝炯,柏建彪,张农,等.困难复杂条件下的煤巷锚杆支护[J].岩土工程学报,2001,23(1):84-88.

[37] 侯朝炯,勾攀峰.巷道锚杆支护围岩强度强化机理研究[J].岩石力学与工程学报,2000,19(3):342-345.

[38] 侯朝炯,郭励生,勾攀峰,等.煤巷锚杆支护[M].徐州:中国矿业大学出版社,1999.

[39] 侯朝炯,何亚男,李晓,等.加固巷道帮、角控制底臌的研究[J].煤炭学报,1995(3):229-234.

[40] 侯朝炯.煤巷锚杆支护的关键理论与技术[J].矿山压力与顶板管理,2002,19(1):2-5.

[41] 侯琴.大宁煤矿大跨度煤巷锚索支护研究与应用[D].太原:太原理工大学,2005.

[42] 候朝炯,等.巷道金属支架[M].北京:煤炭工业出版社,1989.

[43] 胡毅夫,董燕军.地下硐室锚注围岩的变形分析[J].岩土力学,2004,25(11):1814-1818.

[44] 季明,高峰,高亚楠,等.灰质泥岩遇水膨胀的时间效应研究[J].中国矿业大学学报,2010,39(4):511-515.

[45] 贾剑青,王宏图,李晶,等.复杂条件下隧道支护结构稳定性分析[J].岩土力学,2010,31(11):3599-3603,3618.

[46] 蒋金泉,韩继胜,石永奎.巷道围岩结构稳定性与控制设计[M].北京:煤炭工业出版社,1999.

[47] 靖洪文,李元海,赵保太,等.软岩工程支护理论与技术[M].徐州:中国矿业大学出版社,2008.

[48] 阚甲广,张农,李桂臣,等.深井大跨度切眼施工方式研究[J].采矿与安全工程学报,2009,26(2):163-167.

[49] 康红普,姜铁明,高富强.预应力在锚杆支护中的作用[J].煤炭学报,2007,32(7):680-685.

[50] 康红普,王金华,等.煤巷锚杆支护理论与成套技术[M].北京:煤炭工业出版社,2007.

[51] 康红普,王金华,林健.煤矿巷道锚杆支护应用实例分析[J].岩石力学与工

程学报,2010,29(4):649-664.

[52] 雷金波,姜弘道,郭兰波.钢筋网壳喷层结构内力的简化计算[J].建井技术,2004,25(4):27-32.

[53] 雷金波,姜弘道,况森保.钢筋网壳锚喷支护结构适用性研究[J].煤炭科学技术,2003,31(11):20-23.

[54] 李冲,李德忠.软岩回采巷道底鼓的机理和防治[J].煤矿安全,2006,37(6):27-29.

[55] 李冲,徐金海,李明,等.深井软岩巷道预留刚隙柔层厚度的确定及应用[J].中国矿业大学学报.2011,40(4):505-510.

[56] 李冲,徐金海,吴锐,等.综放工作面回采巷道锚杆支护解除机理与实践[J].煤炭学报,2011,36(12):2018-2023.

[57] 李冲,徐金海,吴锐.深井软岩巷道锚索-网壳衬砌耦合支护机理与实践[J].采矿与安全工程学报,2011,28(2):193-197.

[58] 李德忠,李冰冰,檀远远.矿井深部巷道围岩变形浅析及控制[J].岩土力学,2009,30(1):109-112.

[59] 李德忠,李冲.岩石巷道二向压力的估测方法[J].岩土力学,2005,26(4):596-599.

[60] 李德忠,夏新川,韩家根,等.深部矿井开采技术[M].徐州:中国矿业大学出版社,2005.

[61] 李刚.水岩耦合作用下软岩巷道变形机理及其控制研究[D].阜新:辽宁工程技术大学,2009.

[62] 李学华,姚强岭,张农.软岩巷道破裂特征与分阶段分区域控制研究[J].中国矿业大学学报,2009,38(5):618-623.

[63] 刘保民,李怀珍,张和.软岩巷道中网壳锚喷结构受力监测分析[J].煤田地质与勘探,2007,35(5):58-61.

[64] 刘长武,褚秀生.软岩巷道锚注加固原理与应用[M].徐州:中国矿业大学出版社,2000.

[65] 刘民东.高应力节理化复合型软岩硐室锚索支护实践[J].焦作工学院院报,1994,22(4):251-253.

[66] 刘泉声,张华,林涛.煤矿深部岩巷围岩稳定与支护对策[J].岩石力学与工程学报,2004,23(21):3732-3737.

[67] 刘文朝.采动影响下破碎围岩巷道注浆加固支护技术[J].煤炭科学技术,2009,37(6):17-20.

[68] 刘玉卫.高应力-膨胀型软岩巷道变形破坏机理与支护研究[D].西安:西安

科技大学,2009.

[69] 卢军明.桁架锚杆在大跨度巷道顶板加固中的应用[J].中州煤炭,2006
(5):57,94.

[70] 陆士良,汤雷,杨新安.锚杆锚固力与锚固技术[M].北京:煤炭工业出版
社,1998.

[71] 陆士良,王悦汉.软岩巷道支架壁后充填与围岩关系的研究[J].岩石力学
与工程学报,1998(2):180-183.

[72] 马其华,樊克恭,郭忠平,等.锚杆支护技术发展前景与制约因素[J].中国
煤炭,1998,24(5):21-24,59.

[73] 马万祥,刘晓平,马永生.煤矿过断层巷道化学预注浆加固设计与实践[J].
现代商贸工业,2010(11):356-357.

[74] 煤炭工业部科技教育司,煤炭工业部软岩巷道支护专家组,煤矿软岩工程
技术研究推广中心,等.中国煤矿软岩巷道支护理论与实践[M].徐州:中
国矿业大学出版社,1996.

[75] 缪万里,李翔,涂强.深孔锚索注浆技术在防治软岩硐室底鼓中的应用[J].
煤炭工程,2010(6):20-21.

[76] 倪建明.淮北矿区煤巷围岩稳定性分类与支护对策研究[D].徐州:中国矿
业大学,2008.

[77] 潘春德,周国才.深井巷道支护与维护技术[J].矿业译从,1991(4):1-10.

[78] 庞建勇,郭兰波,刘松玉.高应力巷道局部弱支护机理分析[J].岩石力学与
工程学报,2004,23(12):2001-2004.

[79] 庞建勇,刘松玉,郭兰波.软岩巷道新型网壳锚喷支架静力分析及其应用
[J].岩土工程学报,2003,25(5):602-605.

[80] 庞建勇.软弱围岩隧道新型半刚性网壳衬砌结构研究及应用[D].南京:东
南大学,2006.

[81] 庞建勇.深井煤巷锚索加固技术的应用[J].矿山压力与顶板管理,2004,21
(2):65-66,68.

[82] 彭刚,王卫军,李树清.松散破碎硐室锚注修复加固技术应用研究[J].湖南
科技大学学报(自然科学版),2008,23(1):6-9.

[83] 彭书林,周营昌,冯学工.无粘结预应力锚索工艺施工方法[J].河北地质矿
产信息,2004(2):25-27.

[84] 彭苏萍,孟召平.矿井工程地质理论与实践[M].北京:地质出版社,2002.

[85] 漆泰岳.锚杆与围岩相互作用的数值模拟[M].徐州:中国矿业大学出版
社,2002.

[86] 闫莫明,徐祯祥,苏自约.岩土锚固技术手册[M].北京:人民交通出版社,2004.

[87] 沈季良,等.建井工程手册:第三卷[M].北京:煤炭工业出版社,1986.

[88] 沈祖炎,陈扬骥.网壳与网架[M].上海:同济大学出版社,1996.

[89] 施查克,等.锚杆支护实用手册[M].张卫国,吴红,译.北京:煤炭工业出版社,1990.

[90] 孙锋.海底隧道风化槽复合注浆堵水关键技术研究[D].北京:北京交通大学,2010.

[91] 孙晓明,杨军,曹伍富.深部回采巷道锚网索耦合支护时空作用规律研究[J].岩石力学与工程学报,2007,26(5):895-900.

[92] 唐百晓,杜恒,庞建勇.软岩巷道网壳衬砌力学性能试验研究[J].山西建筑,2009,35(36):3-4.

[93] 王广德.复杂条件下围岩分类研究[D].成都:成都理工大学,2006.

[94] 王金华.我国煤巷锚杆支护技术的新发展[J].煤炭学报,2007,32(2):113-118.

[95] 王金喜.高应力软岩巷道锚壳喷支护机理研究[D].邯郸:河北工程大学,2007.

[96] 王连国,张健,李海亮.软岩巷道锚注支护结构蠕变分析[J].中国矿业大学学报,2009,38(5):607-612.

[97] 王襄禹.高应力软岩巷道有控卸压与蠕变控制研究[D].徐州:中国矿业大学,2008.

[98] 王悦汉,王彩根,周华强.巷道支架壁后充填技术[M].北京:煤炭工业出版社,1995.

[99] 魏树群,张吉雄,张文海,等.高应力硐室群锚注联合支护技术[J].采矿与安全工程学报,2008,25(3):281-285.

[100] 谢和平,彭苏萍,何满潮.深部开采基础理论与工程实践[M].北京:科学出版社,2006.

[101] 谢文兵,陈玉华,陆士良.软岩硐室围岩作用关系分析[J].湖南科技大学学报(自然科学版),2004,19(2):6-9.

[102] 邢龙龙.大跨度切眼巷道锚杆(索)支护技术研究[D].西安:西安科技大学,2008.

[103] 徐金海,周保精,吴锐.煤矿锚杆支护无损检测技术与应用[J].采矿与安全工程学报,2010,27(2):166-170.

[104] 徐艳.滨海淤泥的快速固化研究[D].武汉:中国科学院武汉岩土力学研究

所,2007.

[105] 杨峰.高应力软岩巷道变形破坏特征及让压支护机理研究[D].徐州:中国矿业大学,2009.

[106] 杨树新,李宏,白明洲,等.高地应力环境下硐室开挖围岩应力释放规律[J].煤炭学报,2010,35(1):26-30.

[107] 杨双锁,曹建平.锚杆受力演变机理及其与合理锚固长度的相关性[J].采矿与安全工程学报,2010,27(1):1-7.

[108] 尹德钰,刘善维,钱若军.网壳结构设计[M].北京:中国建筑工业出版社,1996.

[109] 于学馥,乔端.轴变论和围岩稳定轴比三规律[J].有色金属,1981(3):8-15.

[110] 袁和生.煤矿巷道锚杆支护技术[M].北京:煤炭工业出版社,1997.

[111] 翟英达.锚杆预紧力在巷道围岩中的力学效应[J].煤炭学报,2008,33(8):856-859.

[112] 张柯.大跨度高地压破碎煤巷支护及机理研究[D].西安:西安科技大学,2003.

[113] 张农,袁亮.离层破碎型煤巷顶板的控制原理[J].采矿与安全工程学报,2006,23(1):34-38.

[114] 赵庆彪,侯朝炯,马念杰.煤巷锚杆-锚索支护互补原理及其设计方法[J].中国矿业大学学报,2005,34(4):490-493.

[115] 郑颖人.地下工程锚喷支护设计指南[M].北京:中国铁道出版社,1988.

[116] 郑雨天,朱浮声.预应力锚杆体系:锚杆支护技术发展的新阶段[J].矿山压力与顶板管理,1995,12(1):2-7.

[117] 郑玉辉.裂隙岩体注浆浆液与注浆控制方法的研究[D].长春:吉林大学,2005.

[118] 重庆建筑工程学院,同济大学.岩体力学[M].北京:中国建筑工业出版社,1981.

[119] 周华强.巷道支护限制与稳定作用理论及其应用[M].徐州:中国矿业大学出版社,2006.

[120] 周金城.锚网壳支护技术在高应力巷道修复中的应用[J].煤矿支护,2008(1):23-28.

[121] 朱训国.地下工程中注浆岩石锚杆锚固机理研究[D].大连:大连理工大学,2007.

[122] ADAM J,URAI J L,WIENEKE B,et al. Shear localisation and strain

distribution during tectonic faulting: new insights from granular-flow experiments and high-resolution optical image correlation techniques[J]. Journal of structural geology,2005,27(2):283-301.

[123] BACHMANN D,BOUISSOU S,CHEMENDA A. Analysis of massif fracturing during deep-seated gravitational slope deformation by physical and numerical modeling[J]. Geomorphology,2009,103(1):130-135.

[124] BUTTON E,RIEDMUELLER G,SCHUBERT W,et al. Tunnelling in tectonic melanges: accommodating the impacts of geomechanical complexities and anisotropic rock mass fabrics[J]. Bulletin of engineering geology and the environment,2004,63(2):109-117.

[125] CAI Y,ESAKI T,JIANG Y J. A rock bolt and rock mass interaction model[J]. International journal of rock mechanics and mining sciences, 2004,41(7):1055-1067.

[126] DAVID R J. The archaeology of myth: rock art, ritual objects, and mythical landscapes of the Klamath basin[J]. Archaeologies, 2010, 6 (2): 372-400.

[127] DENG D,NGUYENMINH D. Identification of rock mass properties in elasto-plasticity[J]. Computers and geotechnics,2003,30(1):27-40.

[128] DHAWAN K R,SINGH D N,GUPTA I D. 2D and 3D finite element analysis of underground openings in an inhomogeneous rock mass[J]. International journal of rock mechanics and mining sciences,2002,39(2): 217-227.

[129] DOU L M,LU C P,MU Z L,et al. Prevention and forecasting of rock burst hazards in coal mines[J]. Mining science and technology,2009,19 (5):585-591.

[130] EGGER P. Design and construction aspects of deep tunnels (with particular emphasis on strain softening rocks)[J]. Tunnelling and underground space technology,2000,15(4):403-408.

[131] GAO F Q,KANG H P. Effect of pre-tensioned rock bolts on stress redistribution around a roadway: insight from numerical modeling[J]. Journal of China University of Mining and Technology,2008,18(4):509-515.

[132] GIBOWICZ S J,LASOCKI S. Analysis of shallow and deep earthquake doublets in the Fiji-Tonga-Kermadec region[J]. Pure and applied geo-

physics,2007,164(1):53-74.

[133] GONG Q M,ZHAO J. Development of a rock mass characteristics model for TBM penetration rate prediction[J]. International journal of rock mechanics and mining sciences,2009,46(1):8-18.

[134] GRODNER M. Fracturing around a preconditioned deep level gold mine stope [J]. Geotechnical and geological engineering, 1999, 17 (3/4): 418-422.

[135] GUO Y G,BAI J B,HOU C J. Study on the main parameters of side-packing in the roadways maintained along gob-edge[J]. Journal of China University of Mining and Technology,1994,4(1):1-14.

[136] GUO Z B,GUO P Y, HUANG M H,et al. Stability control of gate groups in deep wells[J]. Mining science and technology,2009,19(2): 155-160.

[137] GUO Z B,SHI J J,WANG J,et al. Double-directional control bolt support technology and engineering application at large span Y-type intersections in deep coal mines[J]. Mining science and technology,2010,20 (2):254-259.

[138] GUTSCHER M A,KUKOWSKI N,MALAVIEILLE J,et al. Material transfer in accretionary wedges from analysis of a systematic series of analog experiments[J]. Journal of structural geology,1998,20(4):407-416.

[139] HOU C J. Review of roadway control in soft surrounding rock under dynamic pressure[J]. Journal of coal science and engineering,2003,9(1):1-7.

[140] JIANG Y J,LI B,YAMASHITA Y. Simulation of cracking near a large underground cavern in a discontinuous rock mass using the expanded distinct element method[J]. International journal of rock mechanics and mining sciences,2009,46(1):97-106.

[141] KILIC A,YASAR E,CELIK A G. Effect of grout properties on the pull-out load capacity of fully grouted rock bolt[J]. Tunnelling and underground space technology,2002,17(4):355-362.

[142] LAATAR A H,BENAHMED M,BELGHITH A,et al. 2D large eddy simulation of pollutant dispersion around a covered roadway[J]. Journal of wind engineering and industrial aerodynamics,2002,90(6):617-637.

[143] LIANG Y C,FENG D P,LIU G R,et al. Neural identification of rock parameters using fuzzy adaptive learning parameters[J]. Computers and

structures,2003,81(24/25):2373-2382.

[144] LI C,XU J H,FU C S,et al. Mechanism and practice of rock control in deep large span cut holes[J]. Mining science and technology,2011,21(6):891-896.

[145] LI G F,HE M C,ZHANG G F,et al. Deformation mechanism and excavation process of large span intersection within deep soft rock roadway[J]. Mining science and technology,2010,20(1):28-34.

[146] LIN C M,HSU C F. Supervisory recurrent fuzzy neural network control of wing rock for slender delta wings[J]. IEEE transactions on fuzzy systems,2004,12(5):733-742.

[147] LI S J,YU H,LIU Y X,et al. Results from in-situ monitoring of displacement,bolt load,and disturbed zone of a powerhouse cavern during excavation process[J]. International journal of rock mechanics and mining sciences,2008,45(8):1519-1525.

[148] LIU H Y,SMALL J C,CARTER J P,et al. Effects of tunnelling on existing support systems of perpendicularly crossing tunnels[J]. Computers and geotechnics,2009,36(5):880-894.

[149] LIU Y J,MAO S J,LI M,et al. Study of a comprehensive assessment method for coal mine safety based on a hierarchical grey analysis[J]. Journal of China University of Mining and Technology,2007,17(1):6-10.

[150] LI X H. Deformation mechanism of surrounding rocks and key control technology for a roadway driven along goaf in fully mechanized top-coal caving face[J]. Journal of coal science and engineering,2003,9(1):28-32.

[151] LI Z X,HUANG Z A,ZHANG A R,et al. Numerical analysis of gas emission rule from a goaf of tailing roadway[J]. Journal of China University of Mining and Technology,2008,18(2):164-167.

[152] LOHRMANN J,KUKOWSKI N,ADAM J,et al. The impact of analogue material properties on the geometry,kinematics,and dynamics of convergent sand wedges[J]. Journal of structural geology,2003,25(10):1691-1711.

[153] LOWNDES I S,YANG Z Y,JOBLING S,et al. A parametric analysis of a tunnel climatic prediction and planning model[J]. Tunnelling and underground space technology,2006,21(5):520-532.

[154] LU A H,MAO X B,LIU H S. Physical simulation of rock burst induced

by stress waves[J]. Journal of China University of Mining and Technology,2008,18(3):401-405.

[155] MARTIN C D,KAISER P K,CHRISTIANSSON R. Stress,instability and design of underground excavations[J]. International journal of rock mechanics and mining sciences,2003,40(7/8):1027-1047.

[156] MARTIN C D,KAISER P K,CHRISTIANSSON R. Stress,instability and design of underground excavations[J]. International journal of rock mechanics and mining sciences,2003,40(7/8):1027-1047.

[157] MILEV A M,SPOTTISWOODE S M. Effect of the rock properties on mining-induced seismicity around the Ventersdorp contact reef, Witwatersrand basin,South Africa[J]. Pure and applied geophysics,2002, 159(1):165-177.

[158] MOON J,FERNANDEZ G. Effect of excavation-induced groundwater level drawdown on tunnel inflow in a jointed rock mass[J]. Engineering geology,2010,110(3):33-42.

[159] MORGAN J K,KARIG D E. Kinematics and a balanced and restored cross-section across the toe of the eastern Nankai accretionary prism[J]. Journal of structural geology,1995,17(1):31-45.

[160] PARRA M T,VILLAFRUELA J M,CASTRO F,et al. Numerical and experimental analysis of different ventilation systems in deep mines[J]. Building and environment,2006,41(2):87-93.

[161] PELLEGRINO A,PRESTININZI A. Impact of weathering on the geomechanical properties of rocks along thermal-metamorphic contact belts and morpho-evolutionary processes:the deep-seated gravitational slope deformations of Mt. Granieri-Salincriti (Calabria-Italy)[J]. Geomorphology,2007,87(3):176-195.

[162] QIAN Q H,ZHOU X P,YANG H Q,et al. Zonal disintegration of surrounding rock mass around the diversion tunnels in Jinping Ⅱ Hydropower Station,Southwestern China[J]. Theoretical and applied fracture mechanics,2009,51(2):129-138.

[163] RUSTAN A P. Micro-sequential contour blasting:how does it influence the surrounding rock mass? [J]. Engineering geology,1998,49(3/4): 303-313.

[164] SELLERS E J,KLERCK P. Modelling of the effect of discontinuities on

the extent of the fracture zone surrounding deep tunnels[J]. Tunnelling and underground space technology,2000,15(4):463-469.

[165] SUN X M,CAI F,YANG J,et al. Numerical simulation of the effect of coupling support of bolt-mesh-anchor in deep tunnel[J]. Mining science and technology,2009,19(3):352-357.

[166] TORAÑO J,DIEZ R R,RIVAS CID J M,et al. FEM modeling of roadways driven in a fractured rock mass under a longwall influence[J]. Computers and geotechnics,2002,29(6):411-431.

[167] VILLAESCUSA E, VARDEN R, HASSELL R. Quantifying the performance of resin anchored rock bolts in the Australian underground hard rock mining industry[J]. International journal of rock mechanics and mining sciences,2008,45(1):94-102.

[168] WANG Q S,LI X B,ZHAO G Y,et al. Experiment on mechanical properties of steel fiber reinforced concrete and application in deep underground engineering[J]. Journal of China University of Mining and Technology,2008,18(1):64-81.

[169] WANG W J,HOU C J. Study of mechanical principle of floor heave of roadway driving along next goaf in fully mechanized sub-level caving face[J]. Journal of coal science and engineering,2001,7(1):13-17.

[170] WOLF H,KÖNIG D,TRIANTAFYLLIDIS T. Experimental investigation of shear band patterns in granular material[J]. Journal of structural geology,2003,25(8):1229-1240.

[171] WU H,FANG Q,GUO Z K. Zonal disintegration phenomenon in rock mass surrounding deep tunnels[J]. Journal of China University of Mining and Technology,2008,18(2):187-193.

[172] WU H,FANG Q,ZHANG Y D,et al. Zonal disintegration phenomenon in enclosing rock mass surrounding deep tunnels:elasto-plastic analysis of stress field of enclosing rock mass[J]. Mining science and technology, 2009,19(1):84-90.

[173] WU H,FANG Q,ZHANG Y D,et al. Zonal disintegration phenomenon in enclosing rock mass surrounding deep tunnels:mechanism and discussion of characteristic parameters[J]. Mining science and technology, 2009,19(3):306-311.

[174] YANG C X,WU Y H,HON T. A no-tension elastic-plastic model and

optimized back-analysis technique for modeling nonlinear mechanical behavior of rock mass in tunneling[J]. Tunnelling and underground space technology,2010,25(3):279-289.

[175] YANG S,KANG Y S,ZHAO Q,et al. Method for predicting economic peak yield for a single well of coalbed methane[J]. Journal of China University of Mining and Technology,2008,18(4):521-526.

[176] YUAN L. Study on critical,modern technology for mining in gassy deep mines[J]. Journal of China University of Mining and Technology,2007, 17(2):226-231.

[177] YU J C,LIU Z X,TANG J Y. Research on full space transient electromagnetism technique for detecting aqueous structures in coal mines[J]. Journal of China University of Mining and Technology, 2007, 17 (1): 58-62.

[178] ZANGERL C,EVANS K F,EBERHARDT E,et al. Consolidation settlements above deep tunnels in fractured crystalline rock:part 1:investigations above the Gotthard highway tunnel[J]. International journal of rock mechanics and mining sciences,2008,45(8):1195-1210.

[179] ZARETSKII Y K,KARABAEV M I. Feasibility of face surcharging during deep settlement-free tunneling in dense urban settings[J]. Soil mechanics and foundation engineering,2004,41(4):125-132.

[180] ZHOU X P,QIAN Q H,ZHANG B H. Zonal disintegration mechanism of deep crack-weakened rock masses under dynamic unloading[J]. Acta mechanica solida sinica,2009,22(3):240-250.

[181] ZOU X Z,HOU C J,LI H X,The classification of the surrounding of coal mining roadways[J]. Journal of coal science and engineering,1996 (2):55-57.